JN296851

図説生物学30講
植物編 5

代謝と生合成
30講

■ 芦原　坦・加藤美砂子 [共著]

朝倉書店

まえがき

　代謝（metabolism）は，生物が行う一連の化学反応であり，酵素により触媒される．酵素タンパク質は，DNAに書き込まれた遺伝情報の発現によってつくられる．DNA→RNA→酵素→代謝は，生物における最も基本的な現象である．代謝の変動や維持によって，生物で見られるさまざまな現象，例えば，細胞分化，環境応答，恒常性などが遂行される．植物は，二酸化炭素，硝酸塩のような無機物を，光エネルギーをつかって有機物質に変えることができる．さらに，植物には，他の生物では見られない多彩な二次代謝系がある．

　最近の分子遺伝学の進歩は，遺伝子と生物現象の関連を明らかにしつつある．個々の遺伝子の機能解析が行われ，さまざまな現象にかかわることが，知られている．遺伝子で規定されるものはタンパク質であり，そのうち機能を持つもの多くは酵素である．遺伝子が発現し，多くの生物現象が引き起こされるには，途中に代謝系の介在があると考えられる．遺伝子，代謝，生物現象の関係が今後詳細に解明され，生物の持つ機能の全貌が明らかにされるであろう．

　代謝経路を人為的に変える技術は，バイオテクノロジーに応用できる．遺伝子組換え技術によって，有用な遺伝子を導入したり，不要な遺伝子の発現を抑制したりすることにより，異なる成分を持つ有用な植物が作出されている．代謝系を人為的に変えるには，遺伝子の組換えのような大がかりな操作をしなくてもよい場合もある，例えば，植物を嫌気的条件に置くことによっても行うことができる．本書でも解説したGABAを多量に含むギャバロン茶はその例である．

　本書は，お茶の水女子大学で，生物学科向けの「代謝生物学」，他学科向けの「基礎生物学」の講義を担当した芦原と加藤により講義内容をもとにして書かれたものであり，それぞれが，15講ずつを執筆した．代謝では，さまざまな化合物が出てくるので，初学者には，理解しにくく，退屈である場合が多い．しかし，代謝の個々の反応にはいくつかの共通したパターンが見られ，酵素も類似したものが多い．読者が代謝を理解する一番手っ取り早い方法は，いくつかの化学反応式を，実際に紙に描いてみることである．本書では，紙面の許す限り多くの化合物の化学構造と酵素名を記載した．これらの図は，本文に記載した内容以上の情報を含んでいる．個々の化合物のどの部分が変化しているかを見れば，酵素反応をより明確に理解できるはずである．本書を通して，植物の代謝をより深く理解し，植物の持つさまざまな機能に興味を持っていただければ幸いである．

　本書の執筆の過程でご助言を賜った作田正明，寺島一郎，三村徹郎，横田孝雄の

各氏，図や写真の使用に対するご許可をいただいた著者，出版社，企業の方々，そして，いくつかの図の作成を手伝ってくださった北尾直子さんに厚く御礼申し上げます．最後に，「図説生物学30講」シリーズの1冊として，『代謝と生合成30講』を企画し，本書執筆の機会を与えてくださり，また製作過程でお世話になった朝倉書店編集部に感謝します．

　（なお，この書籍の執筆は，2010年9月に終了した．東日本大震災等による諸般の事情により出版が大幅に遅れたことを記す．）

　2011年3月

著者らしるす

目　次

第 1 講　植物の代謝……………………………………………………… 1
第 2 講　植物細胞………………………………………………………… 6
第 3 講　酵　素…………………………………………………………… 10
第 4 講　遺伝子発現……………………………………………………… 15
第 5 講　代謝調節………………………………………………………… 21
第 6 講　同化産物の輸送………………………………………………… 26
第 7 講　カルビン・ベンソン回路と光呼吸…………………………… 30
第 8 講　C_4 植物と CAM 植物………………………………………… 36
第 9 講　デンプンの合成と分解………………………………………… 41
第 10 講　スクロースの合成と分解……………………………………… 45
第 11 講　糖質の代謝……………………………………………………… 50
第 12 講　解糖系…………………………………………………………… 56
第 13 講　ペントースリン酸経路………………………………………… 62
第 14 講　TCA 回路……………………………………………………… 67
第 15 講　脂肪酸合成……………………………………………………… 71
第 16 講　グリセロ脂質の合成…………………………………………… 75
第 17 講　グリオキシル酸回路…………………………………………… 80
第 18 講　硝酸還元とアンモニアの同化………………………………… 84
第 19 講　アミノ酸の合成と分解………………………………………… 88
第 20 講　ピリミジン代謝………………………………………………… 96

第 21 講	プリン代謝	102
第 22 講	ピリジン（ニコチンアミド）代謝	107
第 23 講	硫酸同化	111
第 24 講	テルペノイド生合成	116
第 25 講	クロロフィル生合成	120
第 26 講	シキミ酸経路とフェニルプロパノイドの生合成	126
第 27 講	フラボノイドの生合成	132
第 28 講	アルカロイドの生合成	139
第 29 講	無機栄養	146
第 30 講	植物の代謝工学	150

引用文献 …………………………………………………………… 157

参考図書 …………………………………………………………… 162

あとがきにかえて ………………………………………………… 163

索　　引 …………………………………………………………… 165

第 1 講

植 物 の 代 謝

キーワード：異化　同化　炭酸同化　窒素同化　生合成　二次代謝

　植物は，無機の物質を光エネルギーにより有機化合物に変えることができる．これは，私たちヒトのような動物とは異なる．植物は光合成でつくり出したデンプンやスクロースを分解して ATP をつくり，さまざまな物質をつくり出す．それらの物質には，すべての植物に共通した一次代謝物のほかに，植物種，器官に特徴的な二次代謝物もある．代謝は，異化（catabolism）と同化（anabolism）に分けて考えると理解しやすい．

異化と同化

　異化（catabolism）とは，エネルギーを得る代謝のことである．一方，同化（anabolism）とは異化で得たエネルギーを用いて新たな物質をつくり出すことであり，生合成（biosynthesis）といわれる場合もある．具体的には，ATP などの高エネルギー物質や，還元型ピリジンヌクレオチド（NADH, NADPH）を生産する反応が異化であり，光合成の光化学系で，ADP を ATP に変える反応と $NADP^+$ を還元して NADPH を生産する反応は異化に含まれる．光合成産物の分解によって生じたヘキソースリン酸を分解して ATP, NADH, $FADH_2$ を生産する解糖系と TCA 回路は，典型的な異化経路である．NADH と $FADH_2$ は，ミトコンドリアの電子伝達系と酸化的リン酸化反応でATP生産につかわれる．解糖系とTCA回路は，ATP生産系として機能すれば異化経路であるが，植物では，これらの経路は生合成の最初の反応として機能することもあり，その場合は同化に含まれる．ATPやNADPHをつかう光合成のカルビン・ベンソン回路も同化である．植物には，一般の生物に見られる生合成反応のほかに，植物種に特有な多彩な物質の生合成反応が見られる．

ＡＴＰ

　ここで，高エネルギー物質である ATP（adenosine triphosphate，アデノシントリリン酸）について簡単に説明しておこう．図1.1に構造を示したが，ATPはヌ

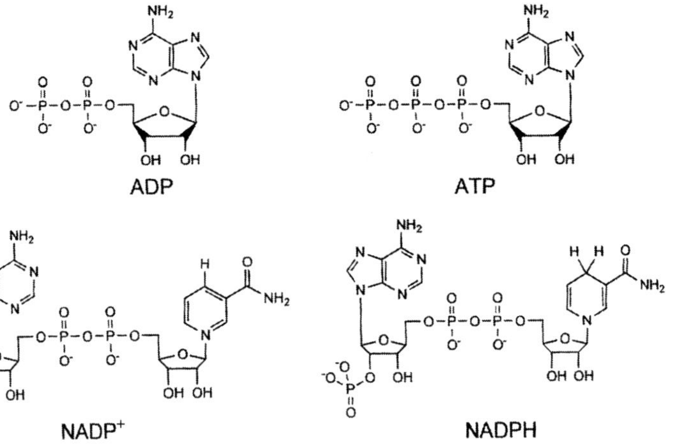

図 1.1 ADP, ATP と NADP⁺, NADPH の構造
植物では，光のエネルギーを使って，ADP から ATP が，NADP⁺ から NADPH が生産される．

クレオチドであり，アデニンとリボース（これをあわせてアデノシンという）に3分子のリン酸が結合したものである．一番端（γ 位という）のリン酸基が加水分解されると，ATP 1 分子当たり，約 30 kJ（7.3 kcal）のエネルギーが放出される．ATP を使う反応の具体例は，個々の講で説明する．例えば，グルコースのような物質はそのままでは代謝されにくいが，ATP の γ 位のリン酸がグルコースに転移され，グルコース 6-リン酸になると容易に代謝されるようになる．GTP, UTP, CTP などもヌクレオチドであるが，これは，ATP のアデニン部分がグアニン，ウラシル，シトシンに置き換わったものである．RNA は，これら 4 種のヌクレオチドから合成される．すべての代謝は，エネルギーの高い物質から低い物質になる方向にしか移動しない．正確に言うと，代謝経路は，負の自由エネルギー変化を伴う発エルゴン反応で，一方向に進行する．エネルギーの低い物質を，代謝され得る高エネルギー物質に変えるためには，ATP によりリン酸基を導入するなどしてエネルギーを補給する必要がある．ATP は，日本語ではアデノシン三リン酸と書かれる場合が多いが，この漢数字の三は，リン酸基が 3 つ付いていることを意味し，グルコース 6-リン酸の 6 のようなアラビア数字の番号は，リン酸基の付いている位置を示すので，間違わないでほしい．本書では，混乱を避けるため，漢数字表記は採用しないことにする．また，光合成や呼吸で ATP が合成されるという表現が使われる場合があるが，これは ATP 分子をつくるという意味ではなく，単に ADP にもう 1 つリン酸基が付くことを意味している（図 1.1）．ATP 分子の合成については，第 21 講で述べる．

ピリジンヌクレオチド

代謝における酸化・還元反応には，電子伝達物質である NAD（nicotinamide

adenine dinucleotide, ニコチンアミドアデニンジヌクレオチド) や NADP (nicotinamide adenine dinucleotide phosphate, ニコチンアミドアデニンジヌクレオチドリン酸) が関与する. この物質の詳細は第 22 講で述べるが, ATP と同様に代謝において重要な役割を演じている. 酸化型は NAD^+, $NADP^+$ と表わされ, 還元型は NADH, NADPH である. $NADP^+$ と NADPH の構造を, 図 1.1 に示した. 本書では, 酸化型と還元型の両方を表す場合には, NAD および NADP と記す.

植物の代謝の概略

代謝系の反応は酵素により触媒される (第 3 講). 代謝のはたらきは, 酵素の量や活性を制御することにより調節される (第 5 講). 植物は, 無機化合物を有機化合物に変えることができる. 葉から二酸化炭素 (CO_2) を取り込み, 光エネルギーを用いてつくり出した ATP と NADPH をつかって, CO_2 を有機化合物 (糖質) に変換する. この経路がカルビン・ベンソン回路である (第 7 講). ある種の植物では, 環境に適応して, 空気中の CO_2 が最初に C_4 化合物 (炭素が 4 つの化合物) に取り込まれた後に, その物質の分解で生じた CO_2 がカルビン・ベンソン回路で固定される場合もある (第 8 講). 炭酸固定の最終産物は, デンプン (第 9 講) かスクロース (第 10 講) であり, これが, 解糖系 (第 12 講), ペントースリン酸経路 (第 13 講), TCA 回路 (第 14 講) でつかわれ, ATP や NADPH の生産が行われる. 固定された炭素は同化産物として篩管を通って輸送される (第 6 講). これらの経路の中間産物は, さまざまな生合成反応の基質となる. アセチル CoA からは脂肪酸が合成

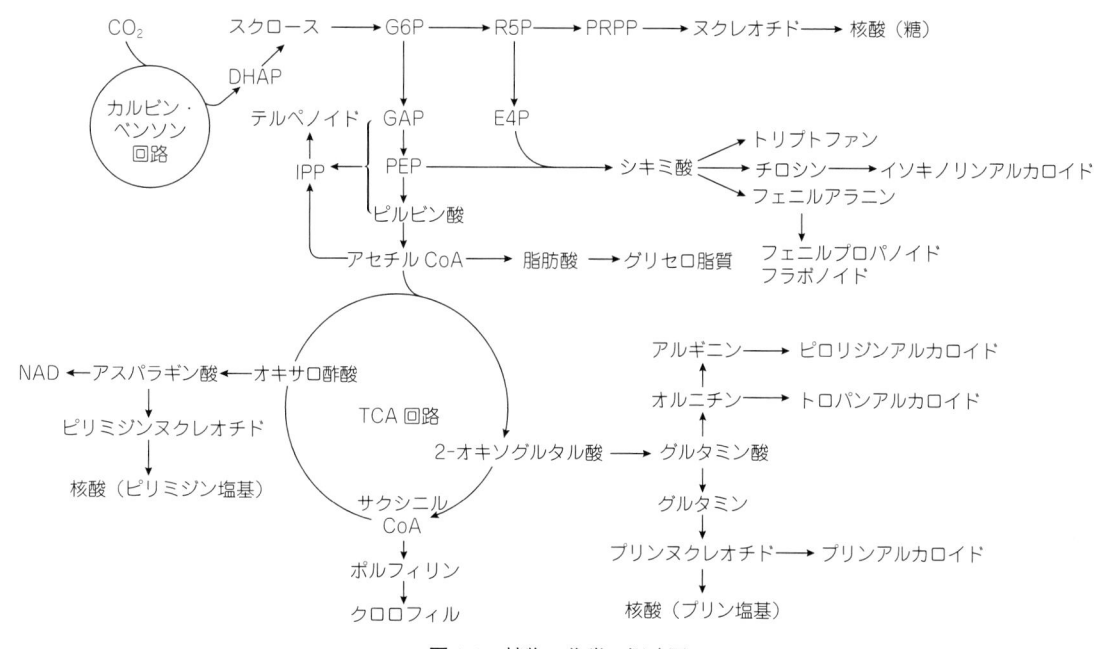

図 1.2 植物の代謝の概略図
本書で扱った代謝経路を中心に記載した.

され（第15講），さまざまな脂質の合成につかわれる（第16講）．貯蔵脂肪は，グリオキシル酸回路により糖質に変化し（第17講），利用される．

一方，無機の窒素や硫黄は，根から，硝酸イオン（NO_3^-）や硫酸イオン（SO_4^-）の形で取り込まれ同化される．硝酸イオンは還元され，アンモニアになり，その後にグルタミン酸に変えられる（第18講）．硫酸イオンも還元され，システインのようなアミノ酸に取り込まれる（第23講）．生産されたアミノ酸を材料として，種々のアミノ酸（第19講）やヌクレオチドが合成される（第20講〜第22講）．これらには，すでに述べたATPやNADPHが含まれるほか，タンパク質や核酸の合成につかわれる．

植物は，多彩な代謝産物をつくる．本書では，植物に特有な化合物のうち，テルペノイド（第24講），クロロフィル（第25講），フェニルプロパノイド（第26講），フラボノイド（第27講），アルカロイド（第28講）について述べる．植物はまた，無機元素を根から取り込み代謝に利用している（第29講）．代謝に必要な酵素は遺伝子発現によってつくられる（第4講）．これら植物の代謝の概略を，図1.2に示した．

植物の代謝は，さまざまなオルガネラ（細胞小器官）で行われ，代謝物は相互に輸送される．動物細胞との大きな違いは，植物細胞には，葉緑体と発達した液胞があるということである（第2講）．特に，葉緑体における代謝は重要である．カルビン・ベンソン回路はもちろんのこと，解糖系やペントースリン酸経路は，サイトゾルだけでなく葉緑体にもある．また，アミノ酸，ヌクレオチドなどの生合成系も葉緑体にある．

================ Tea Time ================

代謝経路はどのような実験から解明されるか

植物にある数多くの代謝経路はどのような実験から確かめられたのであろうか．代謝経路が存在することが証明されるためには，代謝の基質がどのような物質（中間産物）に変化して最終産物になるかを，植物組織で調べる必要があるが，これには，同位体の利用が有効である．例えば，代謝系の基質の炭素を放射性同位元素である^{14}Cで置き換えれば，これが代謝されてできる物質は放射能を持つので，時間を追ってどのような物質に放射能が見られるかを調べればよい．^{14}Cで標識された物質の数が少ない場合には，薄層クロマトグラフィー（TLC）で物質を分離して，放射能のあるスポットの物質を同定すればよいので，比較的楽に代謝経路を推測することができる．液体クロマトグラフィーと放射能検出器（LC-RC）を使うこともできる．放射性の^{14}C化合物の代わりに，最近では，安定同位体である^{13}Cで標識した前駆体を使い，ガスクロマトグラフィー（GC）や液体クロマトグラフィー（LC）で分離した物質を質量分析計（MS）で同定する．窒素化合物の場合には，適当な

放射性同位体がないため，安定同位体である ^{15}N を含む基質あるいは前駆体が用いられ，高精度の MS により ^{15}N で標識された代謝物が同定される．代謝経路の決定のためには，次に個々の反応を触媒する酵素の存在を示す必要がある．植物材料をタンパク質が変性しないような条件下ですりつぶして酵素液をつくり，実際にその反応を触媒する酵素があるかどうかを，*in vitro* で調べる．ここまでできれば，代謝経路がほぼ確定される．この後，代謝経路をより詳しく知るために，細胞内局在性，関連酵素の遺伝子の同定，調節機構の解明のための実験などが続く．植物には，二次代謝経路などで，まだ代謝経路が解明されていないものが多数残っている．

(芦原　坦)

第2講

植 物 細 胞

キーワード：オルガネラ　液胞　核　小胞体　ゴルジ体　色素体
　　　　　　ミトコンドリア　細胞膜　細胞壁
　　　　　　細胞内コンパートメンテーション

　生物は細胞（cell）から成り立っている．ロバート・フック（Robert Hooke）は1665年にコルクを自作の顕微鏡で観察し，多数の小さな部屋のような構造からなることを発見した．コルクは死細胞の集合体であり，観察された小さな部屋は，植物細胞の一番外側にある細胞壁（cell wall）であった．しかし，この小さな部屋は「細胞」と称され，この語は今でも用いられている．細胞壁は植物細胞特有の構造であり，植物細胞と動物細胞の基本的な違いの1つである．細胞壁の内側には細胞膜（plasma membrane）という膜が存在する．細胞膜で囲まれた内部には，膜で囲まれたオルガネラが存在し，細胞機能を維持するために機能している．植物にも，シアノバクテリアやプロクロロンなどの原核生物が存在するが，本講では，真核生物である高等植物の細胞について述べる．

オルガネラ

　細胞壁の内側に存在する細胞膜は，脂質二重層の中にタンパク質が埋め込まれた構造をしている．膜タンパク質は，完全に脂質二重層に埋没したタンパク質，表在性タンパク質，膜貫通タンパク質，疎水性の側鎖によって膜に結合しているアンカー型タンパク質などさまざまである．細胞は，細胞膜によって仕切られているために，細胞内環境を維持することができる．しかし，細胞膜が外界と遮断するための障壁であるならば，細胞は置かれた環境を認識することができずに死んでしまう．それを支えるのは，細胞膜の選択透過性である．細胞膜の脂質二重層の中に存在するタンパク質には，内在性タンパク質（integral protein），表在性タンパク質（peripheral protein），膜の表層と脂質分子を介して結合しているアンカー型タンパク質（anchored protein）があり，選択透過性に関与している．

　植物細胞のオルガネラのうち，動物にも存在し，その機能も動物細胞と共通であるものとして，核（nucleus），ミトコンドリア（mitochondrion），小胞体（endoplasmic reticulum, ER と略記），ゴルジ体（Golgi apparatus），ペルオキシソーム（peroxisome）があげられる．核は二重膜である核膜（nuclear envelope）で囲まれている．核膜には核膜孔（nuclear pore）があり，ここに存在する核膜孔複合体（nuclear pore complex）によって核と細胞質の物質交換が精密にコントロールされている．核内には遺伝情報を保持する DNA が，クロマチン（chromatin）と呼ばれる DNA-タンパク質複合体として存在する．そのほかにリボソーム合成の場である核小体（nucleolus）も存在する．ミトコンドリアは二重膜で構成され，クリステ（cristae）と呼ばれる内膜の折りたたみ構造が特徴的である．内膜によって囲まれたマトリックス（matrix）には酸素呼吸の TCA 回路が存在する．小胞体には，滑面小胞体（smooth ER）と粗面小胞体（rough ER）があることが知られていたが，これら以外にも，さまざまな機能を持つ形態的に異なるサブドメインがあることが分かってきた．細胞内構造の模式図の中に，この小胞体の本来の姿を端的に描写するのは難しい．小胞体は，細胞全体にネットワークを形成するために，オルガネラの中で最大の表面積を持っている．小胞体の表面でつくられたタンパク質は，小胞体中で修飾を受け，小胞体の末端から輸送小胞にパッケージングされてゴルジ体へと輸送される．ゴルジ体はタンパク質や脂質を仕分けして，細胞表面や液胞などに送り出す分泌経路の中心的な役割を果たしている．最後はゴルジ体のトランスゴルジネットワーク（trans-Golgi network）によって，目的の場所に運ばれる．ペルオキシソームは一重膜で囲まれたオルガネラで，脂質代謝や光呼吸に関与する．光呼吸については第 7 講で述べる．また，オルガネラではないが，細胞質基質（cytoplasmic matrix, cytosol）もさまざまな代謝系が存在する重要な場である．

植物細胞に特有のオルガネラとしては，色素体（plastid）と液胞（vacuole）がある．色素体は二重の包膜（envelope）で囲まれている．色素体の中では緑色組織に存在し，光合成能を持つ葉緑体（chloroplast）がよく知られているが，そのほかにも色素を持たずデンプンを蓄積するアミロプラスト（amyloplast）や，花弁に存在する有色体（chromoplast）などがある．液胞は，液胞膜（vacuolar membrane または tonoplast）で囲まれている．液胞は植物細胞の体積の増加に貢献し，

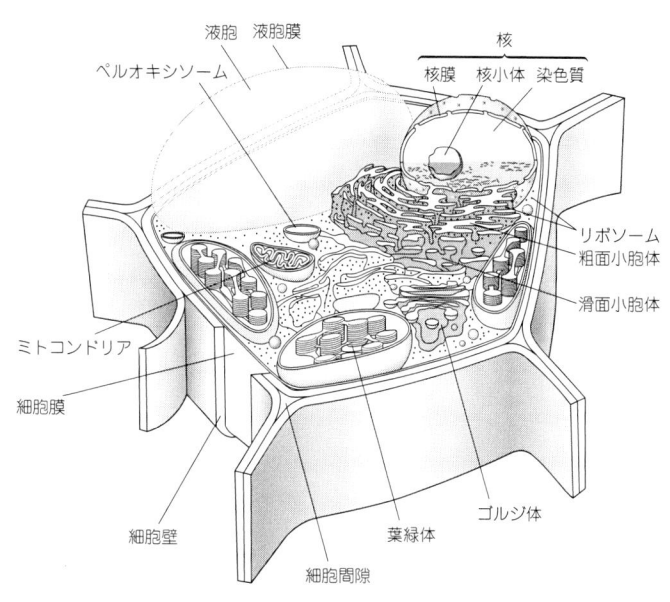

図 2.1 植物細胞の模式図（Taiz and Zeiger）

細胞によってはその体積の90%が液胞で占められていることもある．植物は液胞を発達させることにより細胞質の体積を変えることなく細胞を大きくし，光合成に必要な光エネルギー捕集に有利な形態となった．液胞の中には，無機イオン，有機酸，貯蔵タンパク質，加水分解酵素，さまざまな二次代謝産物などが存在する．近年，液胞には種子に多いタンパク質を貯蔵する中性の液胞と，タンパク質分解酵素を含む酸性の液胞の2種類が存在すると考えられている．

細胞内コンパートメンテーション

オルガネラが存在することにより，細胞内に多くの区画が存在することを，細胞内コンパートメンテーションという．細胞内コンパートメンテーションがあるために，機能的に関連した代謝系を密集し，あるオルガネラ内部に特定の代謝産物を高濃度に蓄積することが可能となる．また，同じ機能の代謝系が複数の区画に存在することも可能となる．例えば第12講で述べる解糖系は，細胞内のサイトゾルと葉緑体とに存在している．また，細胞内コンパートメンテーションの仕切りは膜であり，膜の表面積の増大に伴い，膜機能も発達したと考えられる．

=== Tea Time ===

樹木はなぜ高くなることができるのか？

「地球上に最も多く存在する有機化合物は何ですか？」と問われたとき，どのように考えて答えを導き出せばよいのだろうか．地球上の生態系ピラミッドで一番下に位置する生産者は植物である．植物に多く含まれている物質を想定すれば，この問題の解答にたどり着くことができる．本講で，植物細胞には細胞壁が存在することを説明した．この細胞壁の構成成分であるセルロース（cellulose）が，地球上に最も多く存在する有機化合物なのである．セルロースの正体はβ-1, 4-グルカンであり（図2.2），セルロース微繊維（cellulose microfibril）を形成して，細胞壁の強度を高くしている．細胞壁は，成長中の細胞で形成される一次細胞壁（primary wall）と，細胞の成長が終了した後に形成される二次細胞壁（secondary wall）の2つに分けることができる．一次細胞壁では，セルロース微繊維はヘミセルロース類とペクチン類と少量の構造タンパク質からなる，親水性の高いマトリックスと接着している．そのため，強いだけでなくしなやかさも併せ持つことができる．二次細胞壁は多層構造をとることが多く，構造や成分も一次細胞壁とは異なることが多い．例えば，二次細胞壁の方がセルロースの含有比率が高い．

米国のカリフォルニア州レッドウッド国立公園は，樹高100 m近くにも達する巨大なセコイア（スギ科）の森

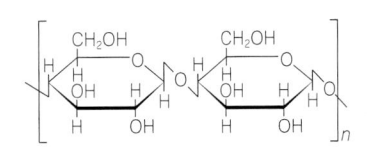

図2.2 セルロースの化学構造

があることで有名である．樹木がこれほど高くなることができる理由の1つは，前述のように植物を構成する細胞壁が強靭であるために，ブロックのように細胞を積み重ねることができるからである．しかし，それだけでは巨木にはなり得ない．植物の二次細胞壁には，リグニン（lignin）というフェニルプロパノイドの重合体が存在し，リグニンがセルロース微繊維の間隙に浸透して，疎水性の網目構造をつくって結合している．リグニンによる補強によって，細胞壁はさらに物理的強度を高め，より強靭なものになる．リグニンはセルロースの次に地球上に多い有機化合物である．このように，小さな細胞1つ1つを囲む細胞壁の強さが，高い樹木の出現を可能にしている．

（加藤美砂子）

第3講

酵　素

キーワード：酵素　　アロステリック酵素　　ミカエリス定数

　代謝系での反応の多くは酵素反応である．酵素（enzyme）という化学物質の存在は19世紀から知られていた．酵素という名称は，19世紀のドイツの生理学者ウイルヘルム・キューネ（Wilhelm Kühne）が，酵母（zyme）の内部（en）で発酵が起こることから，ギリシア語にちなんで作った言葉である．その後，長い間，酵素の正体は謎に包まれたままであったが，1926年に米国の化学者ジェームズ・サムナー（James Sumner）がナタマメのウレアーゼの結晶化に成功し，この結晶がタンパク質からできていることを証明した．こうして，植物から単離された最初の酵素の発見が契機となり，世界は生化学研究の全盛時代に突入した．そして，細胞内で起こるさまざまな反応の解明へとつながっていった．酵素を知ることは，代謝系を知ることなのである．

酵素とは

　生体触媒である酵素は，代謝系の各反応を触媒する．化学反応に酵素が触媒として作用することにより，反応速度を速くすることができる．しかも多くの化学触媒とは異なり，常温，常圧の穏やかな条件下で反応を進行させることが可能である．酵素は特定の基質しか認識しない，極めて高い基質特異性を持つ．酵素の基質特異性は，19世紀のドイツの化学者エミール・フィッシャー（Hermann Emil Fischer）によって，「鍵と鍵穴の関係」と表現され，この言葉は現在もよく使われている．酵素活性はさまざまな要因に影響されるが，逆に考えると，化学触媒とは異なり，反応速度の調節が可能であるという利点がある．酵素活性の調節については，第5講で取り上げる．

　酵素は，その反応により，国際生化学分子生物学連合（International Union of Biochemistry and Molecular Biology）が表3.1のように6種に大別している．それぞれ

表3.1　反応に基づく酵素の大分類

番号	酵素の種類
1	オキシドレダクターゼ（酸化還元酵素）
2	トランスフェラーゼ（転移酵素）
3	ヒドロラーゼ（加水分解酵素）
4	リアーゼ（脱離酵素）
5	イソメラーゼ（異性化酵素）
6	リガーゼ（合成酵素）

の酵素に付けられている EC 番号（Enzyme Comission Number）は，この大分類の番号を最初に表記し，さらに，中分類，小分類，小分類の通し番号を表記して整理されている．酵素には EC 番号のほかに，系統名と常用名がある．例えば，第 9 講のデンプン合成に関与する「ADP-グルコースピロホスホリラーゼ（ADP-glucose pyrophosphorylase）」は慣用名である．この酵素の EC 番号は 2.7.7.27 であり，トランスフェラーゼの 1 つである．系統名は ADP：α-D-グルコース 1-リン酸アデニルトランスフェラーゼ（ADP：α-D-glucose 1-phosphate adenyltransferase）である．

酵 素 反 応

　通常の化学反応の場合は，反応する化学物質どうしが衝突する確率が上がれば反応速度が速くなる．酵素反応の場合は，先に説明した「鍵と鍵穴の関係」である，酵素と基質との親和性が反応速度に影響を与える．つまり，基質が結合しやすい酵素は反応速度が速いということになる．このような酵素と基質との親和性は，ミカエリス定数（K_m 値）によって評価できる（K_m 値の K はドイツ語で定数，m は酵素反応速度論を研究したミカエリス（Leonor Michaelis）の頭文字である）．

　酵素（enzyme）を E，基質（substrate）を S，反応生成物（product）を P と表すと，酵素反応は酵素基質中間体を経るため，以下の式で表すことができる．

$$\mathrm{E} + \mathrm{S} \underset{k_{-1}}{\overset{k_{+1}}{\rightleftarrows}} \mathrm{ES} \overset{k_{+2}}{\longrightarrow} \mathrm{E} + \mathrm{P} \qquad \text{（式 1）}$$

酵素と基質から ES をつくる速度 v_{+1} は，式 2 で表すことができる．

$$v_{+1} = k_{+1}[E][S] \qquad \text{（式 2）}$$

ES が元の基質と酵素に戻る速度 v_{-1} は，式 3 で表すことができる．

$$v_{-1} = k_{-1}[ES] \qquad \text{（式 3）}$$

ES から生成物 P ができる速度 v_{+2} は，式 4 で表すことができる．

$$v_{+2} = k_{+2}[ES] \qquad \text{（式 4）}$$

ES ができる速度となくなる速度が等しい定常状態を考えると，式 2, 3, 4 の関係は式 5 のようになる．

$$k_{+1}[E][S] = k_{-1}[ES] + k_{+2}[ES] \qquad \text{（式 5）}$$

式 5 を変形し，K_m と定義する．

$$\frac{[E][S]}{[ES]} = \frac{k_{-1} + k_{+2}}{k_{+1}} = K_m \qquad \text{（式 6）}$$

最初の酵素量を $[EA]$ とすると，$[EA] = [E] + [ES]$ であるため，式 6 に代入する．

$$\frac{([EA] - [ES])[S]}{[ES]} = \frac{k_{-1} + k_{+2}}{k_{+1}} = K_m \qquad \text{（式 7）}$$

式 7 を変形すると式 8 となる．

$$[ES] = \frac{[EA][S]}{K_m + [S]} \quad (式8)$$

生成物 P ができる反応の初速度 v_0 は,式 4 から考えて式 9 のようになる.

$$v_0 = k_{+2}[ES] = \frac{k_{+2}[EA][S]}{K_m + [S]} \quad (式9)$$

酵素が基質で飽和したとき,つまり,酵素がすべて ES になったときに最大速度 V_{max} となる.つまり,以下のようになる.

$$V_{max} = k_{+2}[EA] \quad (式10)$$

式 9 に式 10 を代入すると式 11 となる.

$$v_0 = \frac{V_{max}[S]}{K_m + [S]} \quad (式11)$$

式 11 がミカエリス・メンテンの式であり,横軸に基質濃度,縦軸に初速度をとると,図 3.1 に示すように直角双曲線となる.酵素の反応速度は基質濃度と K_m という定数で決まり,酵素濃度には関係がない.また,反応速度が V_{max} の半分になるとき,式 11 は式 12 のようになる.

$$\frac{1}{2}V_{max} = \frac{V_{max}[S]}{K_m + [S]} \quad (式12)$$

式 12 をまとめると式 13 となる.

$$K_m = [S] \quad (式13)$$

つまり,反応速度が最大速度の 1/2 のときの基質濃度が K_m 値である.したがって,K_m 値が低いほど,酵素と基質の親和性も高く,反応速度も速い.代謝反応の速度を考えるときに,細胞内の基質濃度とその基質に対する酵素の K_m 値を知ることは重要である.実際に,実験の測定値から酵素の K_m 値を求める場合は,横軸に基質濃度の逆数,縦軸に反応速度の逆数をプロットした Lineweaver-Burk プロットによって算出することが多い(図 3.2).この方法は,式 12 の逆数をとった式 14 に基づいている.

$$\frac{1}{v_0} = \frac{K_m}{V_{max}} \times \frac{1}{[S]} + \frac{1}{V_{max}} \quad (式14)$$

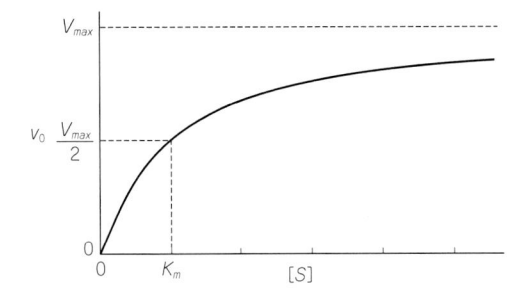

図 3.1 基質濃度 $[S]$ と反応の初速度 v_0 の関係

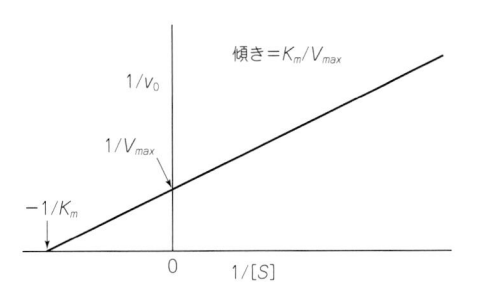

図 3.2 Lineweaver-Burk プロット

アロステリック酵素

　酵素の反応速度に影響を与えるのは，基質濃度だけではない．酵素の活性部位とは異なるところに化学物質が結合することにより，酵素活性が変化する酵素をアロステリック酵素という．酵素に結合するアロステリックエフェクターには，正の効果をもたらす物質と負の効果をもたらす物質がある．いずれの場合も，アロステリックエフェクターが酵素に結合するために，酵素タンパク質の立体構造が変化することにより反応速度が変化する．アロステリック酵素の基質濃度と反応速度の関係は，図3.3に示すようにシグモイド型になる．アロステリックエフェクターの有無で，曲線は変化する．例えば第9講のデンプン合成に関与する「ADP-グルコースピロホスホリラーゼ（ADP-glucose pyrophosphorylase）」はアロステリック酵素であり，正と負のアロステリックエフェクターによって光合成活性とリンクして，細胞内の炭素のフローを制御している．

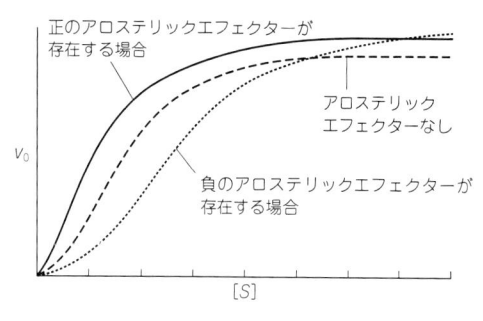

図 3.3 アロステリック酵素の基質濃度 $[S]$ と初速度 v_0 の関係

= **Tea Time** =

酵素の最適温度

　化学触媒とは異なり，酵素には反応に最適な温度がある．そして，酵素の最適温度とは，その酵素を持つ生物が生育する環境に対応している．極限環境微生物の酵素を利用している例について紹介する．

　PCR（polymerase chain reaction）法は，DNAをプライマーを使って増幅させる実験手法として広く用いられている．この方法は，鋳型となるDNA断片の2カ所に，プライマーと呼ばれるオリゴヌクレオチドを結合させ，その間の領域を増幅させてDNAをつくり出すものである．PCR反応は，① 二本鎖DNAの変性，② プライマーの鋳型DNAへの結合，③ DNA伸長，という3つの過程からなり，一連の3つの過程を30サイクル程度繰り返すことによって，DNAを2倍，4倍，8倍，…と，最後は2^{30}倍に増幅する．この中で，酵素による過程は③のDNA伸長だけである．この反応はDNAポリメラーゼという，DNA複製に関与する酵素を添加することによって行わせる．DNAポリメラーゼは，DNAを有するすべての生物が持っている酵素である．PCR法が考案された初期の時代は，大腸菌由来のDNAポリメラーゼを用いていた．大腸菌の至適生育温度は37℃程度であり，反応もその温度で行っていた．しかし，PCR反応の①の過程は，95℃程度の高温にすることにより二本鎖DNAを解離させる．そのため，反応液を95℃にすることに

図3.4 イエローストーン国立公園の間欠泉（写真提供：Travel Montana）

より，反応液中のDNAポリメラーゼは高温で変性して活性が失われるため，サイクルごとに活性のあるDNAポリメラーゼを加えなければならなかった．この煩雑さを解消するために，もともと95℃の場所に生育している生物から取り出したDNAポリメラーゼであれば，95℃でも酵素活性を保持することができると考えついた研究者は，高度好熱菌に注目した．高度好熱菌は高い温度環境下に生息するため，95℃程度でも変性しないようなタンパク質が細胞内に存在する．そして，アメリカのイエローストーン国立公園の間欠泉から *Thermus aquaticus* YT1 という高度好熱菌を分離してそのDNAポリメラーゼを取り出し，学名の頭文字を取ってTaqポリメラーゼと名付けた．そして大腸菌のDNAポリメラーゼの代わりにTaqポリメラーゼを反応系に加えることにより，反応温度のコントロールによって連続的なDNA複製を可能にした．このようにして現在のPCR法が確立されたのである．

（加藤美砂子）

第4講

遺伝子発現

キーワード：核　ゲノム　転写　翻訳　転写因子　タンパク質輸送

　DNAに書き込まれた遺伝情報を発現させることにより，タンパク質がつくられる．植物は成長の過程や環境の変化などに対応して，遺伝子発現をコントロールすることにより，代謝系を制御する．本講では，真核生物である陸上植物の遺伝子発現について解説する．

ゲノム

　真核生物である被子植物や裸子植物において，遺伝情報が書き込まれたゲノムは核，葉緑体，ミトコンドリアに存在する．ゲノムDNA量（C値）は生物種によって異なり，生物の形態や代謝系の複雑さと明確な相関関係があるわけではない．例えば，モデル植物として研究されている双子葉植物のシロイヌナズナ（*Arabidopsis thaliana*）のハプロイドゲノムの大きさは，1.25×10^8 bp（塩基対）である．この大きさは，昆虫のショウジョウバエ（*Drosophila melanogaster*）のゲノムよりも，やや小さい程度である．シロイヌナズナは植物の中ではゲノムサイズが小さく，生育が速いために，全ゲノム配列が決定され，研究材料として広く用いられている．単子葉植物のイネ（*Oryza sativa*）のゲノムサイズは，シロイヌナズナの約3倍である．ゲノムの詳細な解析から，シロイヌナズナには26,000個，イネには32,000個の遺伝子が存在すると推定されている．この数は，ヒトのゲノムに存在する遺伝子数と同程度である．

遺伝子発現からタンパク質へ

　ゲノムには，エキソンと呼ばれるタンパク質をコードしているオープンリーディングフレームを含む領域と，イントロンと呼ばれる非コード領域が存在する．遺伝子と遺伝子の間は，スペーサー領域と呼ばれている．DNAからタンパク質がつくられるまでの概略を図4.1にまとめた．まず，DNAは転写され，mRNA前駆体が生成する．このとき，転写開始点と呼ばれる翻訳開始点よりも5′側の部分から，エキソンの終末までが転写される．植物には3種のRNAポリメラーゼが存在する

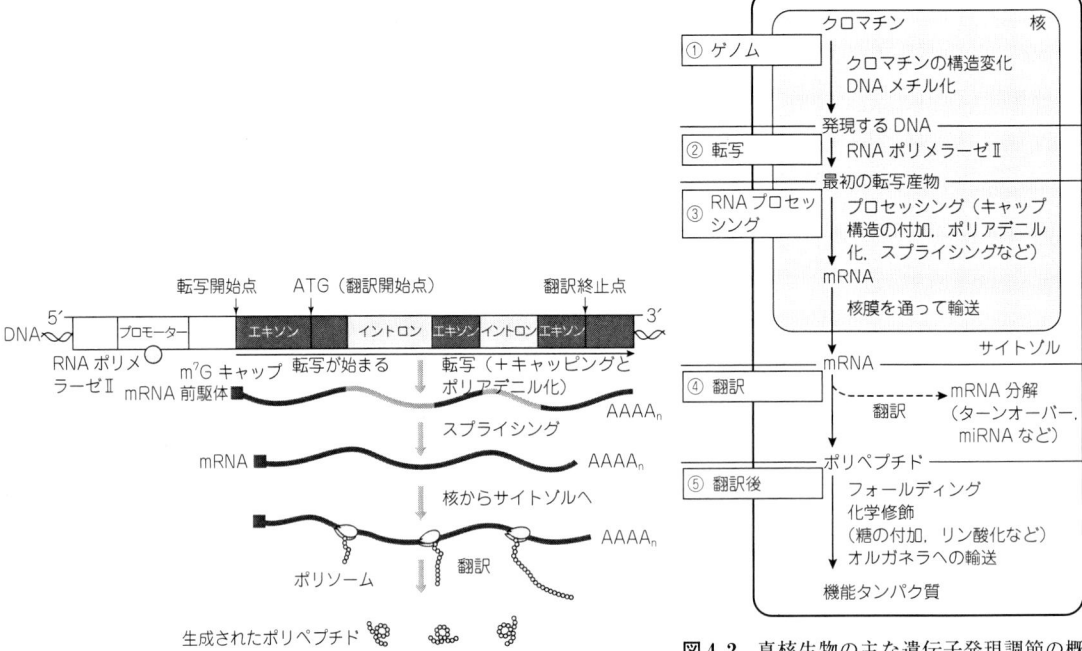

図4.1 真核生物の遺伝子発現（Taiz and Zeiger を改変）

図4.2 真核生物の主な遺伝子発現調節の概略（Taiz and Zeiger を改変）

が，ほかの真核生物と同じように，mRNAの転写にはRNAポリメラーゼⅡが関与している．転写装置の中に組み込まれたRNAポリメラーゼⅡは，後述の転写因子によって，その活性が制御される．mRNAの5′側には，キャップ構造と呼ばれる7-メチルグアノシン残基（m^7G）が付加され，5′側からの分解を防ぐ．3′側には，エキソン中に存在するポリAシグナルが認識され，ポリAが付加される．こうしたmRNAの末端の修飾は，核の遺伝子の転写産物では普通に見られるが，葉緑体やミトコンドリアの遺伝子の転写産物には存在しない．mRNA前駆体は，次に，スプライシングによってイントロンが除去され，成熟したmRNAとなる．イントロンの5′側はGUで始まり，3′側はAGで終わることが多い．こうして完成したmRNAは核膜孔からサイトゾルへ出て，リボソームが集まったポリソーム上で翻訳される．

遺伝子発現の調節

遺伝子発現は，DNAの遺伝情報に従ってタンパク質がつくられるまでのさまざまな過程において調節されている．図4.2に，主な発現調節の概略を示す．ゲノムのDNAは，まず，エピジェネティックな制御を受けることがある．エピジェネティックな制御とは，DNA塩基配列の変化を伴わずに遺伝子発現を制御することをいう．クロマチンの構造変化やDNAのメチル化などが，エピジェネティックな制御の例である．特に，DNAの転写調節部位におけるシトシンやグアニン残基

のメチル化は，DNA の立体構造に変化を生じて転写を制御する原因になる．例えば，植物では低温処理によって花成が促進されることがあるが，これはエピジェネティックな制御によると考えられている．

　DNA の遺伝情報が mRNA に転写されるときは，遺伝子の 5′ 側の上流域に存在する特定の塩基配列にタンパク質である転写因子が結合することによって，転写の精密な制御が可能となる．真核生物の遺伝子の 5′ 側には，コアプロモーターである TATA ボックスと呼ばれる転写因子が結合する配列が広く存在することが知られている．植物の多くの遺伝子にも TATA ボックスが存在し，その部分に TFIID などの基本転写因子と共に，RNA ポリメラーゼⅡが結合する．その結果，転写開始複合体が形成されて転写が始まる．しかし，光合成に関連する遺伝子には TATA ボックスを持たないものが多く存在する．コアプロモーターのさらに上流には，その他の転写因子が結合する調節領域が存在する．転写因子が結合する DNA 領域（シス配列）にはさまざまな種類があり，複数のシス配列と転写因子が 1 つの遺伝子の転写に関与することが多い．それぞれの転写因子は結合するシス配列が決まっている．一般的に，転写因子は DNA の塩基対に影響を与えずに，DNA の主溝と側溝に位置する官能基で塩基対を識別する．シロイヌナズナのゲノム解析から，約 1,500 個の転写因子の遺伝子が同定されている．同程度のゲノムサイズを持つ線虫やショウジョウバエに存在する転写因子はそれぞれ 669 個，635 個であることを考えれば，シロイヌナズナの転写因子の数は多い．この理由の 1 つは，シロイヌナズナのゲノムに遺伝子の重複が多いことである．しかし，転写因子の発現や機能の解析から，シロイヌナズナの遺伝子発現の制御が転写因子の多様性に依存することが明らかになりつつある．植物の転写因子は，動物と共通する DNA 結合ドメインを持つものと，植物特異的な DNA 結合ドメインを持つものの 2 つに大別できる．動物と共通する DNA 結合ドメインを持つ転写因子は，相同遺伝子の数が動物よりもはるかに多い．例えば，アントシアニン合成などに関与する Myb ファミリー，花器官形成などに関与する MADS ファミリーなどがあげられる．植物特異的な DNA 結合ドメインを持つ転写因子としては，花器官形成やエチレン応答などに関与する AP2/ERF ファミリー，病害抵抗性などに関与する WRKY ファミリーなどがあげられる．

　転写後から翻訳までの制御としては，選択的スプライシングが起こることがある．これによって，1 つの遺伝子から複数の種類の成熟した mRNA の形成を可能にする．成熟した mRNA の分解速度も，発現制御において重要である．また，近年，マイクロ RNA（miRNA）が翻訳を抑制することが明らかになった．ゲノム DNA のタンパク質をコードしていない領域から転写される，ヘアピン構造を持つ短い RNA を miRNA と呼ぶ．miRNA は，ある種のタンパク質と共に相補的な配列の mRNA と結合し，翻訳を阻害する．

翻訳したタンパク質が合成された後にも，発現が制御されることがある．DNAの情報に従ってアミノ酸がつながっても，タンパク質が正しくフォールディングされて立体構造を形成しなければ本来の機能を発揮できない．糖の付加やリン酸化などのタンパク質の修飾が必要な場合もある．

細胞内タンパク質輸送

サイトゾルで翻訳されて生成したタンパク質は，サイトゾルで機能するとは限らない．細胞内のオルガネラで機能するタンパク質も多いので，生成されたタンパク質を機能する場所へ輸送する必要がある．ここでは，タンパク質の葉緑体への輸送を例として解説する．

核ゲノムにコードされている葉緑体タンパク質は，多くの場合，N末にトランジットペプチドと呼ばれる数十〜数百残基からなるペプチドが付加されている．このトランジットペプチドには明確なコンセンサス配列は見出されていない．葉緑体は外包膜と内包膜の2枚の膜に囲まれている．タンパク質の輸送機構として，外包膜には TOC（translocator at the outer membrane of chloroplast），内包膜には TIC（translocator at the inner membrane of chloroplast）と呼ばれる複数のタンパク質からなる複合体が存在する．輸送の概略を図4.3に示す．葉緑体タンパク質は，まず，外包膜の TOC に結合する（図中①）．この結合にはエネルギーは不要である．次に，ATP あるいは GTP を加水分解して得られるエネルギーを用いて，TOC に結合した葉緑体タンパク質は膜内に入り，TIC とも結合した状態となる（図中②）．葉緑体タンパク質が包膜を通過してストロマに入る（図中③）ためには，ストロマ側に高濃度（1 mM 以上）の ATP が必要である．ストロマに入った葉緑体タンパク質の N 末に存在するトランジットペプチドは，プロセッシングプロテアーゼによって切断される．切断されたトランジットペプチドはストロマ内で分解される．TOC と TIC は膜を通過させる装置であるが，そのほかにも，タンパク質のフォールディングに関与するタンパク質なども含まれている．葉緑体のチラコイドのタンパク質は，ストロマに輸送された後に，タンパク質上に存在するトランジットペプチドとは別のチラコイド移行シグナルが認識されてチラコイドへ輸送される．ストロマからチラコイドへの輸送経路には複数の存在が知られている．

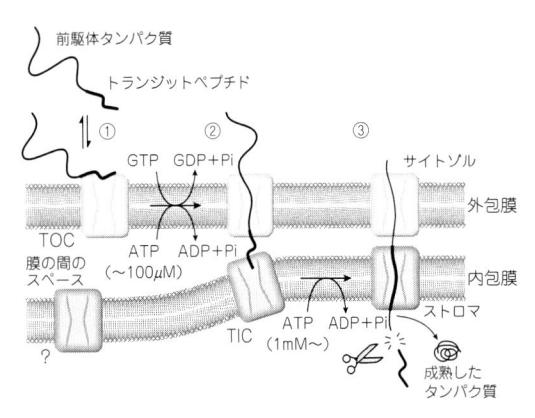

図4.3 葉緑体タンパク質の TOC/TIC 複合体による輸送（Jarvis, 2008 を改変）

================================ **Tea Time** ================================

ヌクレオモルフ

　本講で説明したように，陸上植物は核ゲノム，葉緑体ゲノム，ミトコンドリアゲノムを持っている．これらに加えて，クリプト藻とクロララクニオン藻という藻類のグループは，葉緑体の中にヌクレオモルフ（nucleomorph）という構造体を持ち，その中に別のゲノムが存在することが知られている．この2つの藻類は，いずれも単細胞の微細藻類のグループである．植物の進化の過程において，すべての真核藻類の葉緑体は，原核藻類のシアノバクテリア（ラン藻）に起源を発すると考えられている．真核従属栄養生物に光合成を行うシアノバクテリアが共生し，真核藻類が誕生した．この共生を一次共生（primary endosymbiosis）と呼ぶ．こうして誕生した真核藻類に存在する葉緑体膜は2枚である．真核藻類は進化し，紅藻や緑藻が生まれた．紅藻が鞭毛を持つ真核従属栄養生物に共生することによりクリプト藻の祖先が，緑藻がアメーバ状の真核従属栄養生物に共生することによりクロララクニオン藻の祖先が，それぞれ生まれた．この共生を二次共生（secondary endosymbiosis）と呼ぶ．つまり，ヌクレオモルフは共生した真核藻類の核が起源なのである．ヌクレオモルフを持つ葉緑体は，本来の二重の葉緑体包膜の周囲を共生体の細胞膜由来の膜で囲まれ，さらに一番外側は核膜と食胞の膜由来と推定される膜で囲まれている．簡単に言えば，葉緑体は四重膜で構成されていることになる．ヌクレオモルフのゲノム解析は，2種のクリプト藻と1種のクロララクニオン藻で行われている．いずれも，染色体数は3本で，両端に真核生物特有のテロメア配列が存在する．しかし，ゲノムサイズは真核生物のゲノムサイズよりもかなり小さく，多くの遺伝子は消失したか宿主の核ゲノムに移行したと推定される．クリプト藻の *Guillardia theta* のヌクレオモルフには513個の遺伝子が存在し，そのうちタンパク質をコードする遺伝子は465個であった．その内容は，転写や翻訳，タンパク質のフォールディングや分解などの，真核生物のハウスキーピングな機能に関するものが多い．ハウスキーピング遺伝子とは細胞の増殖や生存などに関係し，どの細胞

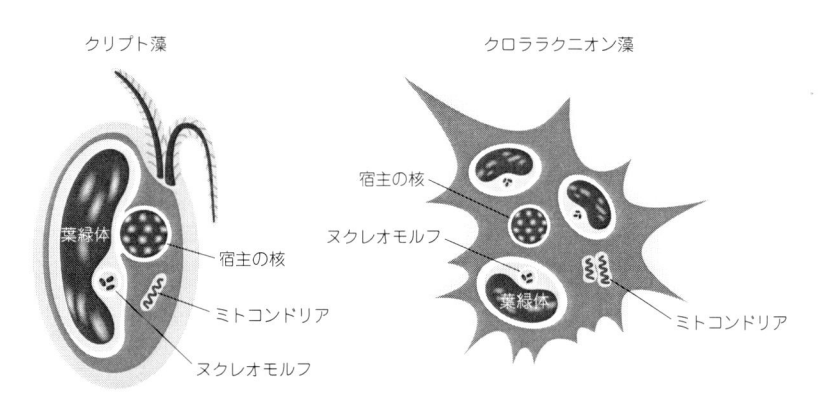

図4.4　クリプト藻とクロララクニオン藻（Archbald, 2007を改変）

でも常に一定量が発現している遺伝子の総称である．色素体で発現すると思われる遺伝子は，わずか30個である．これらの遺伝子にイントロンは少なく，意味のある遺伝子がゲノム上にコンパクトにまとまった状態となっている．ヌクレオモルフは，真核生物のゲノムが失われつつある過程を静かに物語っているのかもしれない．

（加藤美砂子）

第5講

代 謝 調 節

キーワード：酵素量の制御　　酵素活性の調節　　遺伝子発現
　　　　　　酵素タンパク質の化学修飾　　フィードバック調節

　植物もほかの生物と同様に，代謝の調節をすることで恒常性を保ち，成長段階に応じて代謝の活性を変化させることにより，細胞の成長と分化が達成される．植物は周りの環境変化，さまざまな障害から植物体を守るためにも，多様な代謝応答をする．恒常性の維持や，成長やストレスに応答するための代謝変動は，酵素タンパク質の量を変える粗調節（coarse control）と，酵素活性自体を変える微調節（fine control）によってなされる．

酵素量の制御（粗調節）

　すべてのタンパク質の遺伝情報は DNA にあり，遺伝子の転写，翻訳によりタンパク質が合成される．タンパク質は，その後修飾されたり，プロセッシングを受けたり，特定のオルガネラに輸送されたりして，特定の代謝経路で働く機能を持つ酵素タンパク質になる（図5.1）．それぞれのタンパク質には寿命があるので，酵素タンパク質の量は，合成と分解の速度により決まる．植物の代謝経路にかかわる酵素タンパク質量の調節は，タンパク質合成の過程，特に転写レベルで起こることが多い．酵素量を変えるには，図5.1に示したような多くの過程を含むタンパク質の合成を伴うので，時間がかかるが，大きな代謝変動を引き起こすことができる．代謝の変動が粗調節に基づくかどうかは，酵素活性を *in vitro* で，飽和濃度の基質の下で測定することにより，推測することができる．酵素量と酵素活性は，以下に述べるような化学修飾をされる場合もあるので，厳密には同じではない．酵素タンパク質量が実際に変化したかどうかを確認するには，免疫的方法（いわゆるウエスタンブロット法）による確認が必要である．転写レベルでの調節が起こっているかどうかは，転写物（mRNA）の量を RT-PCR（逆転写ポリメラーゼ連鎖反応）法かノーザンブロット法で調べれば確認できる．

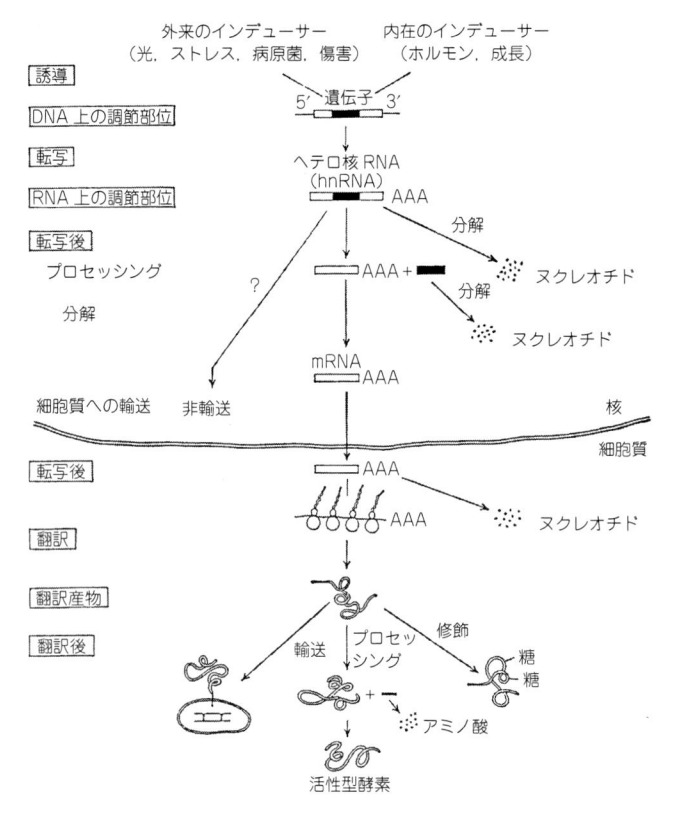

図 5.1 酵素合成の調節に関与する諸過程
（Okamura and Goldberg, 1989 を改変）

酵素活性の調節（微調節）

　酵素活性は，その酵素が機能している部位における pH，基質濃度，補助要因の濃度などに影響される．例えば，葉緑体のストロマの pH は光照射時に高くなることが知られており，このような変化が酵素活性を変える場合がある．これ以外に，積極的な代謝調節のための機構が代謝経路上のいくつかの酵素（調節酵素という）に備わっている．よく見られるものは，化学修飾による活性調節とフィードバック調節である．

酵素の化学修飾による活性の調節

　調節酵素には酵素の化学修飾が可逆的に起こり，活性型と不活性型，あるいは高活性型と低活性型をとる場合がある．植物でよく見られるのは，酵素タンパク質のリン酸化・脱リン酸化である（図 5.2）．リン酸は，タンパク質のセリン，スレオニン，チロシン残基に付くことが多い．これらのアミノ酸残基へのリン酸の付加は，タンパク質内の疎水性の部分を極端に親水性へ反転させることによって酵素タンパク質の構造を変え，活性変動を引き起こす．リン酸化は，ATP などを用いて対象

とする酵素タンパク質に特異的なプロテインキナーゼ（protein kinase）によりなされ，脱リン酸化は，やはり酵素タンパク質に特異的なホスホプロテインホスファターゼの触媒する加水分解反応によりなされる．酵素タンパク質のリン酸化の反応にかかわるキナーゼとホスファターゼ自体も，リン酸化・脱リン酸化で制御される場合があり，この関係が何回かカスケード的に行われ，シグナル伝達系になる場合もある．リン酸基以外で酵素が修飾される場合もある．植物細胞ではまだあまり例がないが，ADPリボース化もこの1つである．ADPリボシルトランスフェラーゼによって，NAD由来のADPリボース基が酵素タンパク質のアルギニン，グルタミン酸，アスパラギン酸残基に付加される．酵素タンパク質からのADPリボース基の除去は，特異的なヒドロラーゼによって行われる．

　植物でよく見られる化学修飾に，スルフヒドリル（SH）基を持つ酵素，いわゆるチオール酵素のシステイン残基の酸化・還元による活性調節がある．例えば，カルビン・ベンソン回路を構成する複数の酵素は，還元（SH）型が活性型であるが，酸化（SS）型から還元型への転換には，光照射時に生じた電子がフェレドキシン・チオレドキシン系を介してつかわれる（図5.2）．一方，葉緑体の酸化的ペントースリン酸経路の調節酵素であるグルコース6-リン酸デヒドロゲナーゼは，酸化型が活性型である．

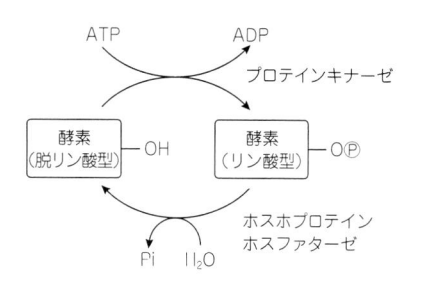

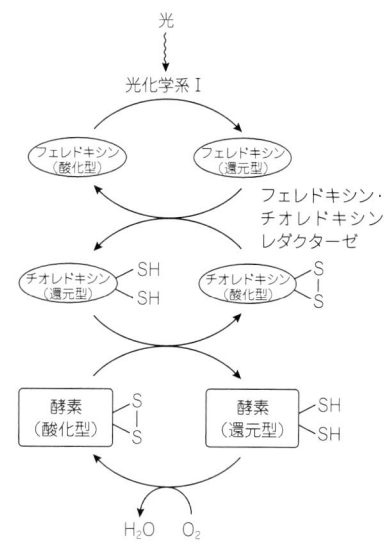

図5.2　植物の酵素の化学修飾
アミノ酸残基のリン酸化・脱リン酸化によるものと，システイン残基の酸化・還元によるものがある．光合成関連の酵素は，フェレドキシン・チオレドキシン系が関与している．

調節酵素の代謝物による活性調節

　代謝経路には，代謝系全体の流れを感知し，活性を変える能力を持った酵素が代謝経路の上流に含まれる場合がある．そして，その経路の最終産物が過剰に生産されると，活性が阻害され，その代謝経路の働きが停止する．このようなフィードバック調節に関与する酵素は，アロステリック酵素（allosteric enzyme）である場合が多い（第3講）．基質の結合部位とは異なる部位にエフェクターが結合して，活性を変化させる．エフェクターには，活性を低下させるだけでなく増加させるものもある．

　図5.3にアミノ酸生合成経路のフィードバック調節の例を示した．最初の調節酵素であるアスパラギン酸キナーゼにはアイソザイム（isozyme）があり，リジン，

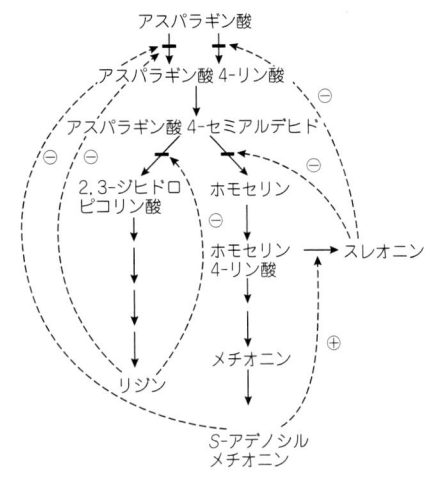

図 5.3 フィードバック調節（微調節）の例
アスパラギン酸グループのアミノ酸生合成系で見られるフィードバック調節.

S-アデノシルメチオニン（SAM）により阻害されるものと，スレオニンにより阻害されるものがある．また，リジンとスレオニンに分岐する最初の酵素もフィードバック阻害される．SAM は，ホモセリン 4-リン酸からスレオニンができる反応を活性化する．これらの調節は，植物細胞中の個々のアミノ酸の量を一定に保つために働く．フィードバック調節は，生物種によっても異なっている場合がよくある．植物の解糖系では，ホスホエノールピルビン酸によるホスホフルクトキナーゼのフィードバック阻害が見られるが，動物の酵素では見られない．動物には，植物では見られないフルクトース 1, 6-ビスリン酸によるピルビン酸キナーゼのフィードフォワード促進（代謝経路上，前の物質が後の酵素の活性を増加させる）が見られる（第 12 講）．

= Tea Time =

植物の代謝調節と代謝のフレキシビリティ

　酵素活性のフィードバック阻害やアロステリック酵素の概念は，主に微生物から得られた研究をもとに 1960 年代に提案された．1970 年代に入ると植物にもアロステリック酵素があることが分かり，個々の酵素のエフェクターが明らかにされた．このような in vitro における酵素の性質についての情報から，代謝調節（微調節）が論じられた．その後，植物の酵素の遺伝子が解明され，mRNA の発現レベルでの調節が知られた．転写レベルによる酵素量の調節（粗調節）は，代謝の器官特異性があり，ストレスの応答に関係するような二次代謝経路の活性調節の主要な機構である．一方，一次代謝の酵素の遺伝子はいわゆるハウスキーピング遺伝子である場合が多く，酵素活性の微調節が重要な意味を持つ．さらに，植物の一次代謝の調節に関して最近分かってきたのは，フレキシブルな植物の代謝についてである．これが分かったのは，遺伝子工学的な方法で一次代謝系の調節酵素の発現を抑え，実際にその酵素活性が抑えられた形質転換植物でも，ほとんどの場合その植物体は正常に成長するという事実である．これは，植物が一次代謝に関して多くのバイパス経路を持っていることによるらしい．生命にかかわるような重要な代謝系にはいくつもの経路があり，1 つの経路がストップしても迂回路が働く．例えば，リン酸飢餓状態の植物細胞では ATP や ADP のレベルが著しく低下するが，そのような環境条件下では，アデニンヌクレオチドが反応に関与する解糖系のホスホフルクトキ

ナーゼやピルビン酸キナーゼを経由しない解糖系のバイパス，ペントースリン酸経路，アミノ酸の分解などによって生成された代謝物が，TCA回路へ流入し呼吸に使われる（図5.4）．従来，解糖系などの植物の一次代謝は，微生物や動物で確立されているものとほぼ同様であろうと考えられてきた．ここに示した代謝のフレキシビリティは，植物に特有の代謝調節機構があることを示していて興味深く，今後の研究の進展が待たれる．

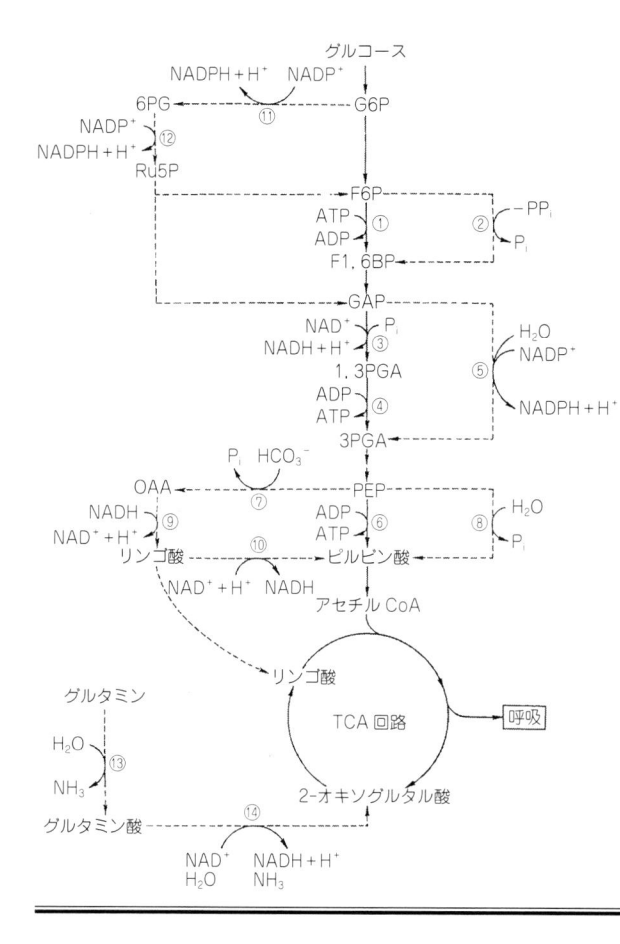

図5.4 リン酸飢餓細胞で見られるバイパス経路（芦原，1993）
バイパス経路を破線で表した．
① ホスホフルクトキナーゼ，② PPi：フルクトース6-リン酸ホスホトランスフェラーゼ，③ グリセルアルデヒド3-リン酸デヒドロゲナーゼ，④ ホスホグリセロキナーゼ，⑤ 非リン酸的NADP依存グリセルアルデヒド3-リン酸デヒドロゲナーゼ，⑥ ピルビン酸キナーゼ，⑦ PEPカルボキシラーゼ，⑧ PEPホスファターゼ，⑨ リンゴ酸デヒドロゲナーゼ，⑩ NAD^+-リンゴ酸酵素，⑪ グルコース6-リン酸デヒドロゲナーゼ，⑫ 6-ホスホグルコン酸デヒドロゲナーゼ，⑬ グルタミナーゼ，⑭ グルタミン酸デヒドロゲナーゼ．

（芦原　坦）

第6講

同化産物の輸送

キーワード：篩管　篩管要素　伴細胞　シンプラスト　アポプラスト
ポリマートラッピングモデル

　植物は主に葉で光合成を行い，合成した同化産物を非光合成組織に輸送しなければならない．植物体が大きくなるにつれて，この輸送システムが発達し，代謝産物の長距離輸送が可能になった．この長距離輸送システムには，主に水や無機養分を輸送する木部（xylem）と，同化産物を輸送する篩部（phloem）がある．本講では，転流と呼ばれる，篩部における同化産物の輸送について解説する．

転流される物質

　篩部によって輸送される物質の多くは水であるが，この水に転流される代謝産物が溶解して輸送される．光合成によってつくられた炭素化合物が輸送される際の一般的な転流物質は，スクロースである．スクロースは非還元糖である．一方，グルコースやフルクトースなどの還元糖は，ケトンやアルデヒド基を持つため，輸送中に化学反応が起こる可能性がある．そのため，反応性が低く安定な非還元糖を輸送

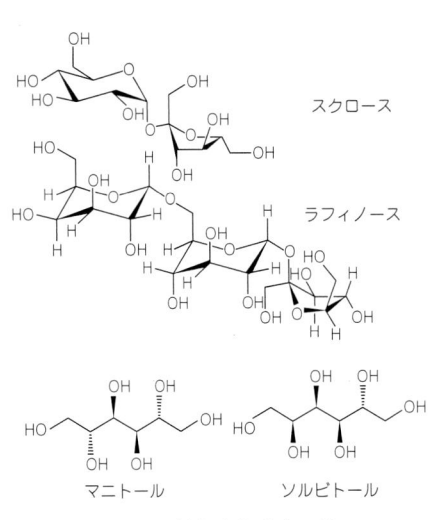

図 6.1　篩部を転流する糖

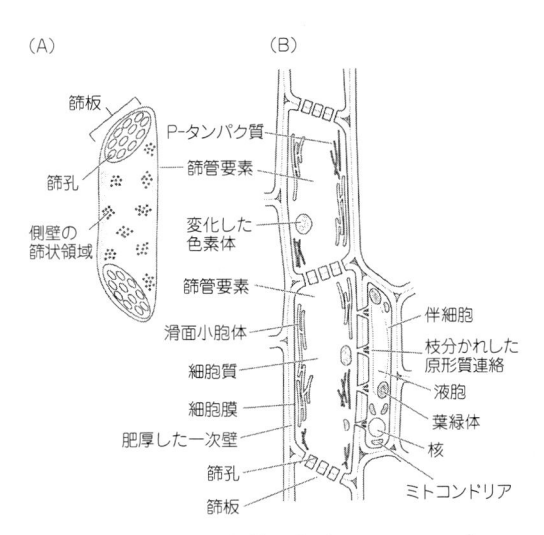

図 6.2　成熟した篩管要素（Taiz and Ziger）
（A）外観，（B）縦断面図．篩管要素と伴細胞の模式図．

すると考えられる．スクロースのほかには，スクロースに1分子のガラクトースが結合したラフィノースや，マニトールやソルビトールなどの糖アルコールがある（図6.1）．ラフィノースにさらにガラクトース1分子が結合したスタキオース，スタキオースにさらにガラクトース1分子が結合したベルバスコースが転流される植物もある．窒素を含む化合物としては，主としてグルタミン酸とアスパラギン酸およびそのアミドが転流される．しかし，篩管液中の窒素化合物の濃度は，糖の濃度に比べると低い．また，篩管液には植物ホルモンや有機酸なども含まれる．

篩管の構造と特徴

篩部のうち，輸送に直接かかわる細胞は篩要素（sieve element）と呼ばれる．種子植物に見られる，高度に分化した篩要素を特に篩管要素（sieve tube element）という．本講では種子植物について解説するため，以降は篩管要素と表記する．篩管要素は生きている細胞である．しかし，未分化な細胞が篩管要素に分化する過程で，核や液胞膜などを失う．細胞膜，色素体，滑面小胞体，変形したミトコンドリアなどが篩管要素に存在する．篩管要素には篩状に穴があいていて，隣接する篩管要素を連結している（図6.2）．被子植物では篩状の領域は均一ではなく，特定の部分は穴の大きい篩板（sieve plate）に分化している．篩板は一般的に篩管要素の両側に存在し，篩板を通じて連結された篩管要素を篩管（sieve tube）と呼ぶ．転流物質は，この穴を通って篩管の中を輸送される．篩管要素の中にはP-タンパク質が多く含まれる．P-タンパク質は，篩管要素が傷ついたときに迅速に篩板の穴をふさぐ役割がある．傷害を受けてからさらに時間がたつと，カロース（β-1,3-グルカン）が篩板で合成されて細胞膜と細胞壁の間に蓄積することにより，傷害を受けた篩管要素を正常な篩管要素から隔離する．

篩管要素に隣接して伴細胞（companion cell）が存在する．1つの細胞が分裂することにより，篩管要素と伴細胞に分化する．伴細胞は篩管要素が失った代謝機能の一部を行い，伴細胞と篩管要素は活発に物質交換をしている．篩管要素と伴細胞には多数の原形質連絡が存在する．しかし，伴細胞とその周辺の細胞との原形質連絡は非常に少ない．

篩部への積み込み

植物は光合成を行っている組織で作られた同化産物を，主に糖の形で非光合成組織に与える．糖を与える器官をソース（source），受け取る器官をシンク（sink）と呼ぶ．根などの非光合成組織は植物の一生を通して常にシンクであるが，葉の場合は，若い葉はほかのソースから糖を受け取るのでシンクであるが，成長するにつれて合成した糖をほかの組織へ運び出すようになり，ソースに変わる．このようなソースからシンクへの輸送の最初のステップは，糖を光合成をする細胞から篩管要

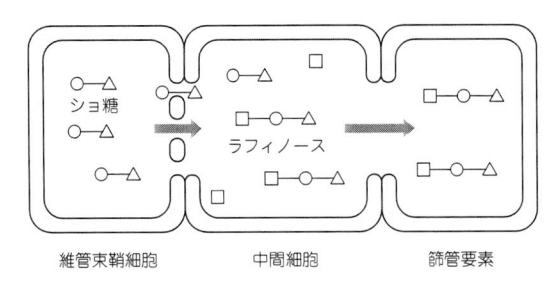

図 6.3 ポリマートラッピングモデル
○：グルコース，△：フルクトース，□：ガラクトースを示す．維管束鞘細胞から中間細胞に入ったスクロースは，ラフィノースに変換されて篩管要素に移動する．

素に運び入れることである．この過程を，篩部への積み込みという．例えば，スクロースは葉肉細胞から小葉脈までシンプラスト経由で運ばれ，維管束柔細胞でアポプラストに放出されて運ばれる．アポプラストから篩管要素への移動は，伴細胞の細胞膜に存在するスクロース-プロトン共輸送複合体によって行われる．しかし，スクロースだけでなくラフィノースやスタキオースなどを長距離輸送するスカッシュやメロンなどの植物では，アポプラスト経由の積み込みではなく，シンプラスト経由で篩部への積み込みが起こると考えられている．シンプラスト経由の積み込みを行う植物の篩管要素の周辺には，通常の伴細胞のほかに中間細胞（intermediary cell）と呼ばれる特有の細胞が発達している．シンプラスト経由の積み込みは，葉肉細胞から篩管要素への原形質連絡を経由した拡散による．しかし，拡散では特定の糖のみを濃度勾配に逆行して篩管要素へ輸送することは不可能である．このようなシンプラスト経由の積み込みのモデルとして，ポリマートラッピングモデルが提案されている（図 6.3）．葉肉細胞からつくられたスクロースは，維管束鞘細胞から中間細胞へと拡散する．中間細胞では，スクロースからラフィノースやスタキオースがつくられる．ラフィノースとスタキオースはスクロースよりも大きな分子なので，維管束鞘細胞に後戻りはできず，篩管要素へと拡散していく．

圧 流 説

ソースから篩部に積み込まれた糖は，篩管液と共にシンクへと輸送される．このような転流機構は，圧流説で説明することができる．圧流説とは，篩管要素内の溶液の流れは，ソースとシンクの内圧の差によって生み出されるポテンシャルによるという考え方である．内圧の差は，篩部への積み込みと，後述の篩部からの積み下ろしの結果として形成される．

篩部からの積み下ろし

篩部からの積み下ろしも，シンプラスト経由の場合とアポプラスト経由の場合がある．サトウダイコンやタバコなどでは，シンプラスト経由の積み下ろしが観察されている．発達中の種子では，胚と親植物の組織との間にシンプラストの連結がない．そのため，運ばれてきた糖は篩管要素からシンプラスト経由で積み下ろされ，篩管要素から離れた細胞でアポプラストに入る．アポプラストで糖がほかの物質に

代謝された後に，シンクに取り込まれる場合もある．

━━━━━━━━━━━━━━ Tea Time ━━━━━━━━━━━━━━

リンゴの蜜

　リンゴやナシなどのバラ科植物の転流物質は，糖アルコールであるソルビトール（グルシトール）であることが知られている．ソルビトールという名前は，最初にこの物質が発見されたバラ科ナナカマド属（*Sorbus*）の植物に由来している．光合成によってつくられた同化産物はソルビトールに変換され，篩管を通ってリンゴの果実にも輸送される．果実に輸送されたソルビトールは，酵素の働きでスクロースやフルクトースなどに変わり，リンゴの果肉を甘くする．果実の成熟が進むと，ソルビトールをほかの糖に変換する酵素の活性は低下する．そのため，果実の成熟後にソルビトールが転流してくると，ソルビトールは維管束からあふれだし細胞間隙に蓄積される．蓄積したソルビトールが水分を吸収するために，いわゆる「リンゴの蜜」として，リンゴの中心部に観察される．ソルビトール自体は，スクロースやフルクトースほど甘くはない．しかし，リンゴを切ったときに蜜が見えると，私たちには甘いリンゴに思えてしまう．

（加藤美砂子）

第7講

カルビン・ベンソン回路と光呼吸

キーワード：Rubisco　　3-ホスホグリセリン酸（3-PGA）　　グリコール酸

　独立栄養生物である植物は，光エネルギーを用いて有機物を合成する光合成（photosynthesis）を行う．光合成は細胞の中の葉緑体で行われる．葉緑体のチラコイド膜には，光エネルギーを吸収する光合成色素であるクロロフィルやカロテノイドが存在する．植物は捕集した光エネルギーを用いて水を酸化し，その結果として酸素を発生する．光合成は，光エネルギーを化学エネルギーに変換するエネルギー変換反応と，エネルギーを用いた有機化合物の生合成反応に大別することができる．エネルギー変換反応では，葉緑体のチラコイド膜に存在する電子伝達系に，水を分解することによってできる電子を移動させ，その結果，NADPHとATPを合成する．エネルギー変換反応の詳細は他書に譲り，本講では，光合成による有機化合物の生合成反応に焦点を当てる．

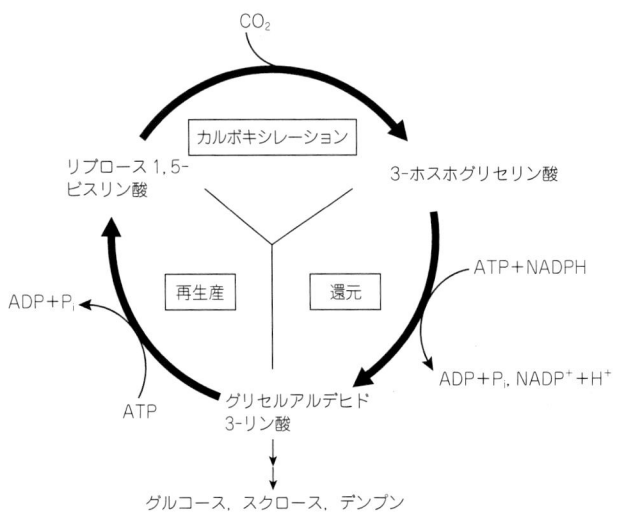

カルビン・ベンソン回路

　カルビン・ベンソン回路（Calvin-Benson cycle）は，放射性同位元素 ^{14}C を含む二酸化炭素を単細胞緑藻であるクロレラに与え，生成する放射性化合物を分析することにより発見された炭素還元経路である．還元的ペントースリン酸経路（reductive pentose phosphate cycle）と呼ばれることもある．カルビン・ベンソン回路は，真核光合成生物に共通の基本的な代謝系であり，葉緑体のストロマに存在する．カルビン・ベンソン回路は3つの反応過程から構成されている

図 7.1　カルビン・ベンソン回路の概略

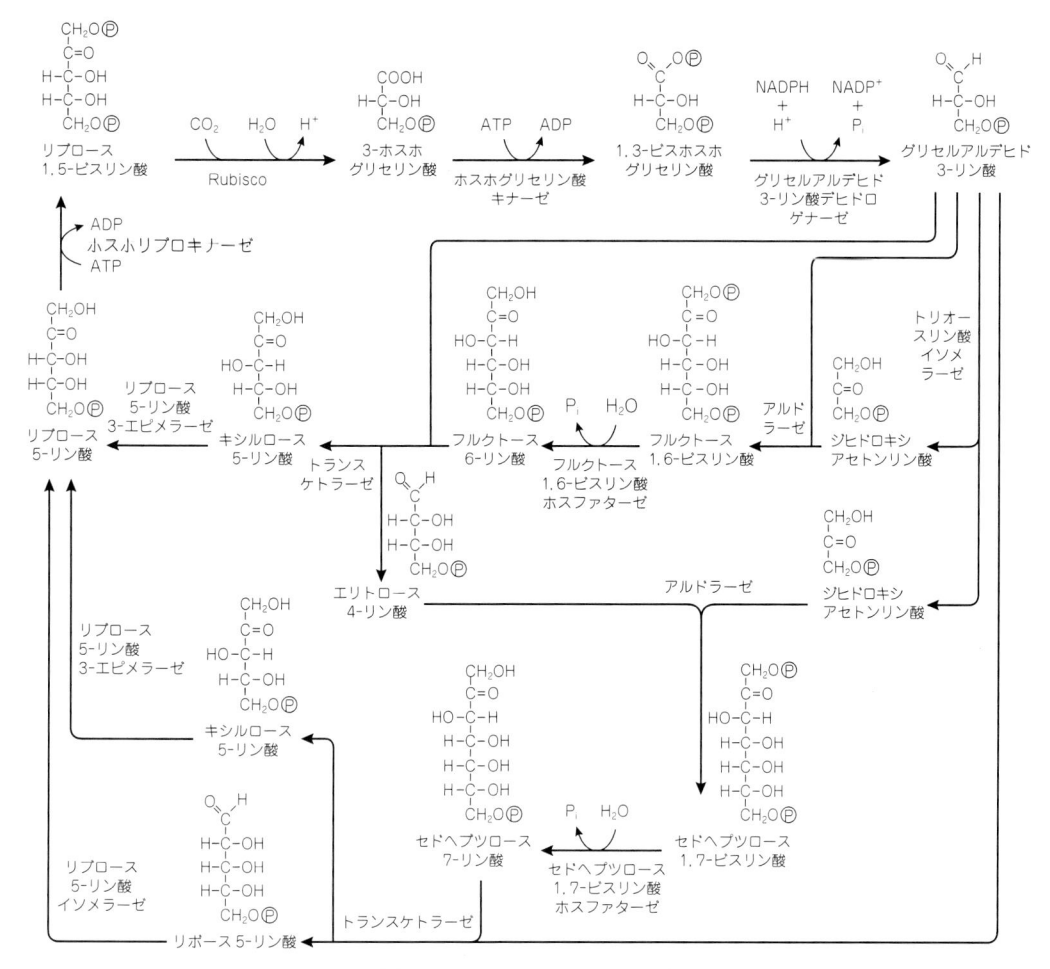

図 7.2 カルビン・ベンソン回路

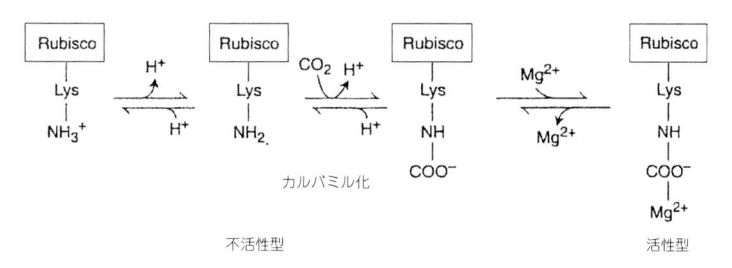

図 7.3 カルバミル化による Rubisco の活性化

（図 7.1）．カルボキシレーションの過程では，二酸化炭素が 5 個の炭素原子から構成されるリブロース 1,5-ビスリン酸（RuBP）と反応して，2 分子の 3-ホスホグリセリン酸（3PGA）を生成する．次の還元反応では，グリセルアルデヒド 3-リン酸を経てスクロースやデンプンなどの炭水化物が合成される．その後，グリセルアルデヒド 3-リン酸は再び二酸化炭素を受け取るために RuBP に再生される．

図7.2にカルビン・ベンソン回路の詳細を示す．二酸化炭素を固定する酵素は，リブロース1,5-ビスリン酸カルボキシラーゼ/オキシゲナーゼ（ribulose 1,5-bisphosphate carboxylase/oxygenase, Rubisco）である．この酵素は，カルビン・ベンソン回路ではカルボキシラーゼ反応が関与している．後述の光呼吸では，オキシゲナーゼ反応が関与する．Rubiscoのカルボキシラーゼ反応では，二酸化炭素はRuBPの2位の炭素原子に結合した不安定な中間体を経由し，2分子の3-PGAに加水分解される．種子植物のRubiscoは，8個のラージサブユニットと8個のスモールサブユニットからなる十六量体である．Rubiscoによって生成された3-PGAは，グリセルアルデヒド3-リン酸を経て，トリオースリン酸であるジヒドロキシアセトンリン酸（DHAP）に変換され，DHAPの一部は葉緑体外に出てスクロースなどの炭水化物の合成に利用される．光合成が定常状態に達しているときは，6分子中5分子のトリオースリン酸がRuBPに再生され，残りの1分子が葉緑体外に輸送されるか葉緑体内でデンプンに合成される．

　カルビン・ベンソン回路に関与する酵素のうち，Rubisco, NADP-グリセルアルデヒド3-リン酸デヒドロゲナーゼ，フルクトース1,6-ビスリン酸ホスファターゼ，セドヘプツロース1,7-ビスリン酸ホスファターゼ，リブロース5-リン酸キナーゼ（ホスホリブロキナーゼ）は光による活性化を受けることが知られている．これらのうち，Rubisco以外の4つの酵素は，フェレドキシン・チオレドキシン系による光活性化の機構（第5講参照）を持っている．Rubiscoはチオレドキシンによる光活性化を受けない．Rubiscoにおいて，酵素の基質となるCO_2とは別のCO_2が，特定のリジン残基のε-アミノ基に結合してカルバミル化されることが知られている．カルバミル化された酵素は，次にMg^{2+}と反応して活性化された酵素となる（図7.3）．このような活性化の過程で2個のH^+が放出される．光によってストロマのpHとMg^{2+}濃度が変化するために，Rubiscoの活性化は光に影響される．

光呼吸

　RubiscoはRuBPを基質としてオキシゲナーゼ反応を行うことができる．この反応では，RuBPを酸化して3PGAと2-ホスホグリコール酸を生じる．このオキシゲナーゼ反応は，光呼吸（photorespiration）の最初の反応である．光呼吸は酸化的C_2回路と呼ばれることもある．葉緑体では光合成によって固定した二酸化炭素を光呼吸によって放出する現象が起こっている．図7.4にカルビン・ベンソン回路と光呼吸の関係を模式的に示す．光呼吸は単独で機能することはなく，カルビン・ベンソン回路からのRuBPの供給が不可欠である．この2つの代謝系のバランスは，Rubiscoの酵素としての性質，周囲のCO_2とO_2の濃度，温度に影響される．

　光呼吸全体の経路には，葉緑体，ペルオキシソーム，ミトコンドリアの3つのオルガネラが関与する（図7.5）．葉緑体でRuBPのオキシゲナーゼ反応によって生

成された2-ホスホグリコール酸は特異的なホスファターゼによって脱リン酸され，グリコール酸となる．グリコール酸は葉緑体外に出てペルオキシソームに輸送される．グリコール酸はグリコール酸オキシダーゼにより，グリオキシル酸と過酸化水素に分解される．グリオキシル酸にはグルタミン酸からアミノ基が転移されるか，セリンからアミノ基が転移されてグリシンが生成する．過酸化水素は，カタラーゼによって分解される．グリシンはミトコンドリアに輸送され，グリシンでカルボキシラーゼ複合体によってセリンに変換される．この反応で，CO_2とアンモニアが放出される．アンモニアは葉緑体に拡散し，グルタミンの合成に用いられる．セリンはミトコンドリアからペルオ

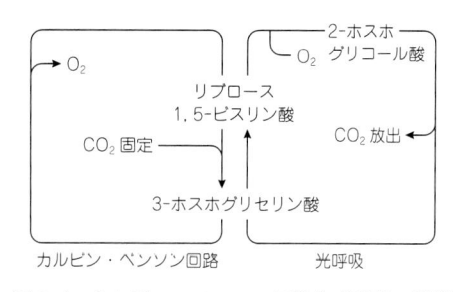

図7.4 カルビン・ベンソン回路と光呼吸の関係

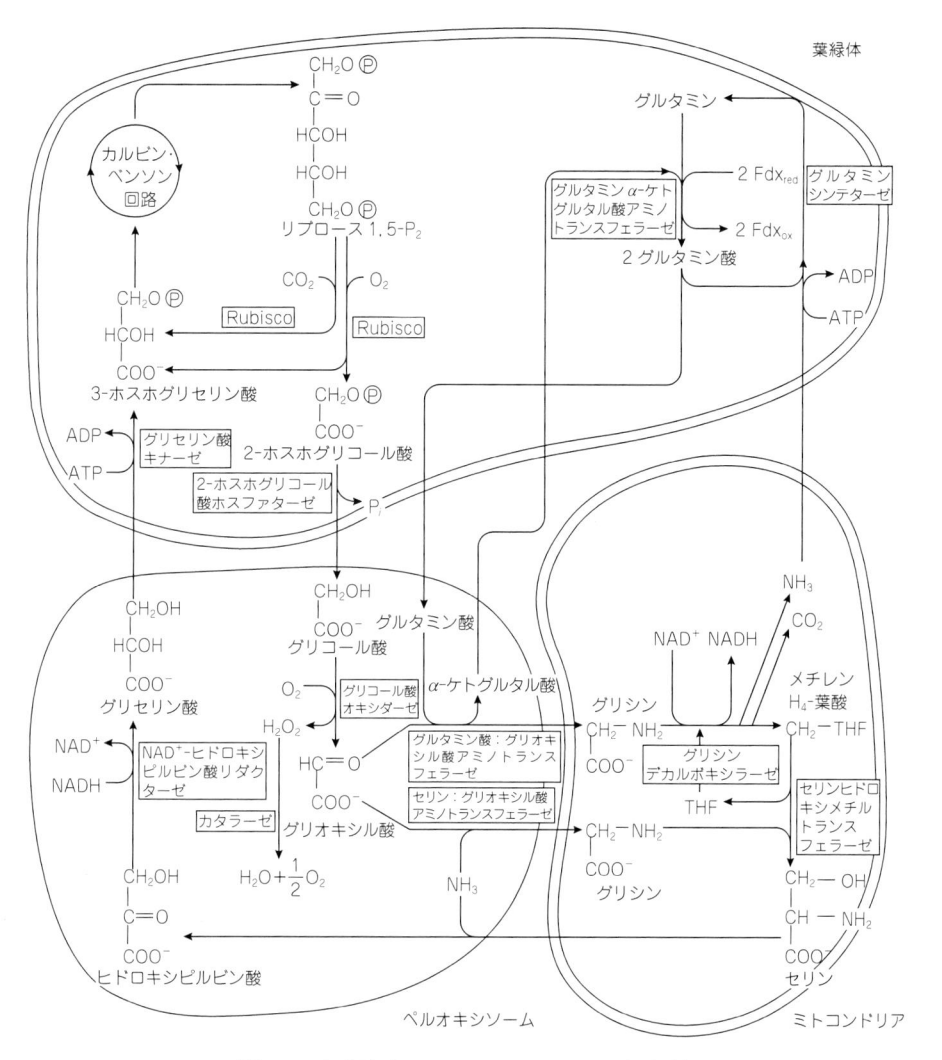

図7.5 光呼吸（Siedow and Day, 2000 より改変）

キシソームに移動し，ヒドロキシピルビン酸となる．グリセリン酸は葉緑体に入り，グリセリン酸キナーゼによって3-ホスホグリセリン酸に戻る．

Rubiscoがカルボキシラーゼ反応とオキシゲナーゼ反応の両方を触媒するのは，光合成生物の進化の歴史と関係がある．地球上に光合成生物が出現したときには，嫌気的状態で酸素は存在していなかった．そのため，Rubiscoがオキシゲナーゼ反応を行う潜在的能力を持っていても，その能力を発揮する条件ではなかった．しかし，光合成生物の繁栄によって大気中の酸素濃度が増加するに伴い，オキシゲナーゼ反応が起こるようになった．このようなRubiscoの性質は，酵素としての欠陥かもしれない．そのため，光呼吸は，不必要に合成された2-ホスホグリコール酸を3PGAに戻して回収するために発達した代謝系だと考える場合がある．しかし，強光などで過剰な還元力やATPが生じたときに，これらを消費して光合成器官の損傷を防ぐという，光呼吸の積極的な役割も評価されている．

=== Tea Time ===

緑色の光

植物の葉が緑色に見える理由は，葉が緑色の光を吸収しないで反射するからであると，よく言われる．確かに図7.6において，緑葉の色素抽出液の吸光度は緑色の光のときに低くなっている．緑色光における色素抽出液の吸収率および葉全体の吸収率は，ほかの色の光に比べるとやはり低くなっている．緑色の光は，反射されるだけで光合成には使われていないという結論に陥りがちである．しかし，図7.6で葉の吸収率と色素抽出液の吸収率を比較したときに，緑色光の場合は，葉の吸収率の方が色素抽出液の吸収率よりも高いことに気がつく．では，葉の吸収率は常に色素抽出液の吸収率よりも高いのかといえば，そういうわけではない．赤や青の光の場合は，葉の吸収率は，色素抽出液の吸収率よりも低くなっている．色素抽出液よりも葉の吸収率が高いということは，葉の中で散乱によって光路が延長されること

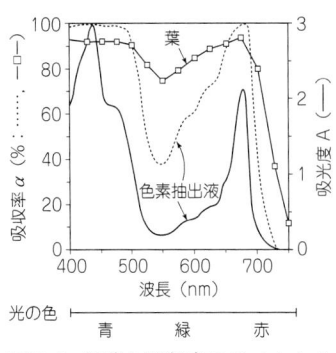

図7.6 緑葉の吸収率のスペクトル
(Evans and Anderson, 1987 を改変)

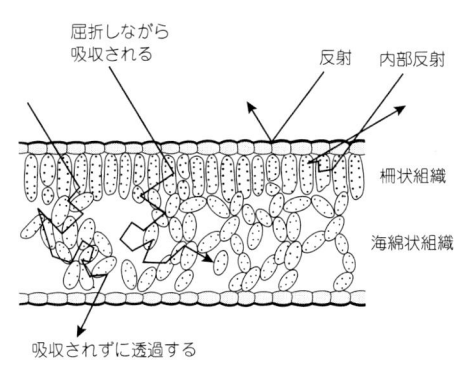

図7.7 葉に照射された光の運命

を表している．葉は，屈折率が 1.5 程度の細胞と 1.0 の細胞間隙に含まれる空気から構成されている．そのために，葉に入った光は葉の内部で何度も屈折して葉の内部を行ったり来たりする（図 7.7）．一度葉緑体に遭遇しただけでほとんどが吸収されてしまう青色光や赤色光とは異なり，緑色光は葉の中を何度も屈折しながら進む過程で，葉緑体に少しずつ確実に吸収されていく．葉の表側には細胞が密接に並んだ柵状組織，裏側には細胞間隙の多い海綿状組織がある．つまり，葉の中には光を吸収する葉緑体が均一に分布しているわけではない．このような葉の構造も，葉の内部で光が何度も屈折することにより，吸収される機会を増やすことに役立っている．寺島らによれば，一般の緑葉では青色光や赤色光の吸収率が 90% 程度であるのに対し，緑色光の吸収率も 70〜80% 程度である（Terashima *et al.*, 2009）．葉が緑に見えるのは，緑色光が青色光や赤色光に比べて相対的に高い割合で葉から出て行くためであるが，緑色の光も葉に吸収されて光合成に利用されているのである．

（加藤美砂子）

第 8 講

C_4 植物と CAM 植物

キーワード：C_3 光合成　C_4 光合成　ホスホエノールピルビン酸カルボキシラーゼ
葉肉細胞　維管束鞘細胞　多肉植物　カーボニックアンヒドラーゼ

第7講で解説したカルビン・ベンソン回路で，二酸化炭素が固定されて最初に合成される初期産物は，C_3 化合物の 3-ホスホグリセリン酸である．カルビン・ベンソン回路が発見されてからしばらくの間，この経路が，植物に存在する二酸化炭素固定の唯一の経路と考えられてきた．しかし，1965 年にコーチャック（Hugo P. Kortschak）らは，サトウキビの初期産物が C_4 化合物であるリンゴ酸やアスパラギン酸であることを明らかにした．その後，ハッチ（Marshall D. Hatch）とスラック（Roger C. Slack）は，このタイプの光合成をする経路を C_3 光合成に対して C_4 光合成と呼んだ．C_4 光合成は，二酸化炭素の濃縮機構を発達させた経路である．別のタイプの二酸化炭素濃縮機構を備えた CAM（Crassalacean Acid Metabolism）植物についても解説する．

C_4 光 合 成

C_3 光合成を行う C_3 植物，C_4 光合成を行う C_4 植物の光合成速度と，外部環境の二酸化炭素濃度との関係を模式的に示すと，図 8.1 に示すような曲線となる．見かけの光合成量がゼロになる二酸化炭素濃度を，CO_2 補償点と呼ぶ．CO_2 補償点を比べると，C_4 植物が C_3 植物よりも低い．この理由は，C_4 植物が細胞内で CO_2 を濃縮するしくみを持っているためである．

C_4 光合成における炭素の移動の概略を図 8.2 に示す．C_4 光合成を行うためには，葉肉細胞と維管束鞘細胞という 2 つの細胞が必要である．葉肉細胞において，二酸化炭素は HCO_3^- としてホスホエノールピルビン酸カルボキシラーゼ（PEPC）によりホスホエノールピルビン酸に固定され，C_4 化合物であるオキサロ酢酸（OAA）を生じる．OAA はアスパラギン酸（Asp）かリンゴ酸（MA）に変換され，維管束鞘細胞に運ばれる．維管束鞘細胞では，C_4 化合物である Asp あるいは MA から CO_2 が脱炭酸される．この CO_2 は C_3 植物と同じカルビン・ベンソン回路に入り，再固定される．脱炭酸の過程で生成するピルビン酸またはアラニンは，葉肉細胞に

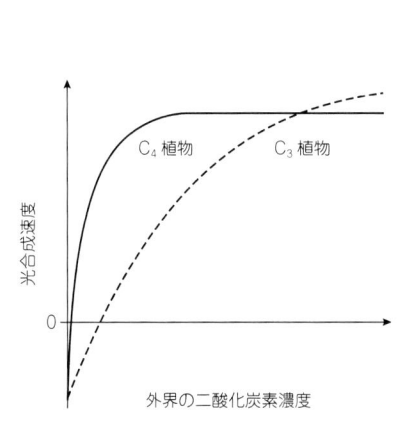

図8.1 外界の二酸化炭素濃度と光合成速度の関係の模式図

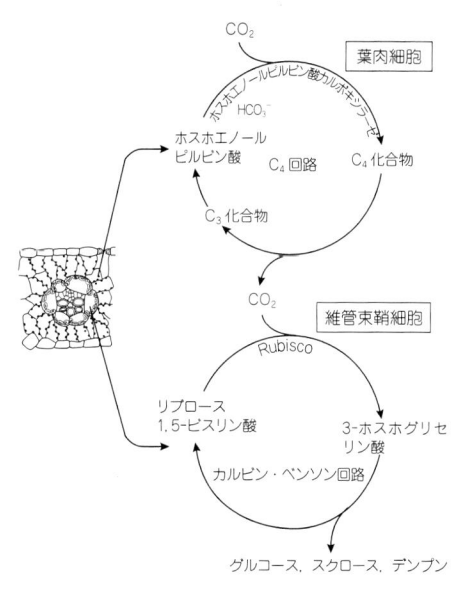

図8.2 C_4植物の光合成の概略
C_4植物では維管束周辺に多数の大きな葉緑体を持った維管束鞘細胞と，それを放射状に取り囲む葉肉細胞が存在する．

戻り，ホスホエノールピルビン酸の再生に利用される．葉肉細胞と維管束鞘細胞の代謝産物の交換は，原形質連絡を通して行われると考えられている．C_4光合成は，CO_2の前固定に必要なPEPを生成するためにエネルギーを必要とする．そのため，エネルギー的にはC_3光合成に比べてマイナスである．しかし，CO_2を濃縮するため，Rubisco周囲では大気中のCO_2濃度よりもはるかに高いCO_2濃度を維持することができる．そのため，Rubiscoのオキシゲナーゼ活性は抑えられるので，光呼吸は抑えられる．図8.1でC_4植物のCO_2補償点が低い理由はもう1つあり，光呼吸によるCO_2の放出が極めて少ないことである．

C_4光合成には，維管束鞘細胞に送られるC_4化合物の違いと，脱炭酸に関与する酵素の違いによって3つのサブタイプがあることが知られている（図8.3）．MAが輸送され，$NADP^+$マリックエンザイムで脱炭酸されるトウモロコシやサトウキビなどに見られるサブタイプ，Aspが輸送されOAを経てMAに変換されてからミトコンドリアのNAD^+マリックエンザイムによって脱炭酸されるアオビユやキビなどに見られるサブタイプ，Aspが輸送されOAに変換された後に，PEPカルボキシキナーゼによって脱炭酸されると共にMAも輸送され，ミトコンドリアのNAD^+マリックエンザイムによって脱炭酸されるニクキビやギニアグラスなどに見られるサブタイプの3種類である．$NADP^+$マリックエンザイムが脱炭酸するタイプだけはミトコンドリアは関与しないが，その他の2つのサブタイプは葉緑体のほかにミトコンドリアも関与する．また，イネ科植物にはC_4植物が多いが，すべての種でC_4光合成を行うわけではなく，例えばイネ（*Oryza sativa*）はC_3植物である．

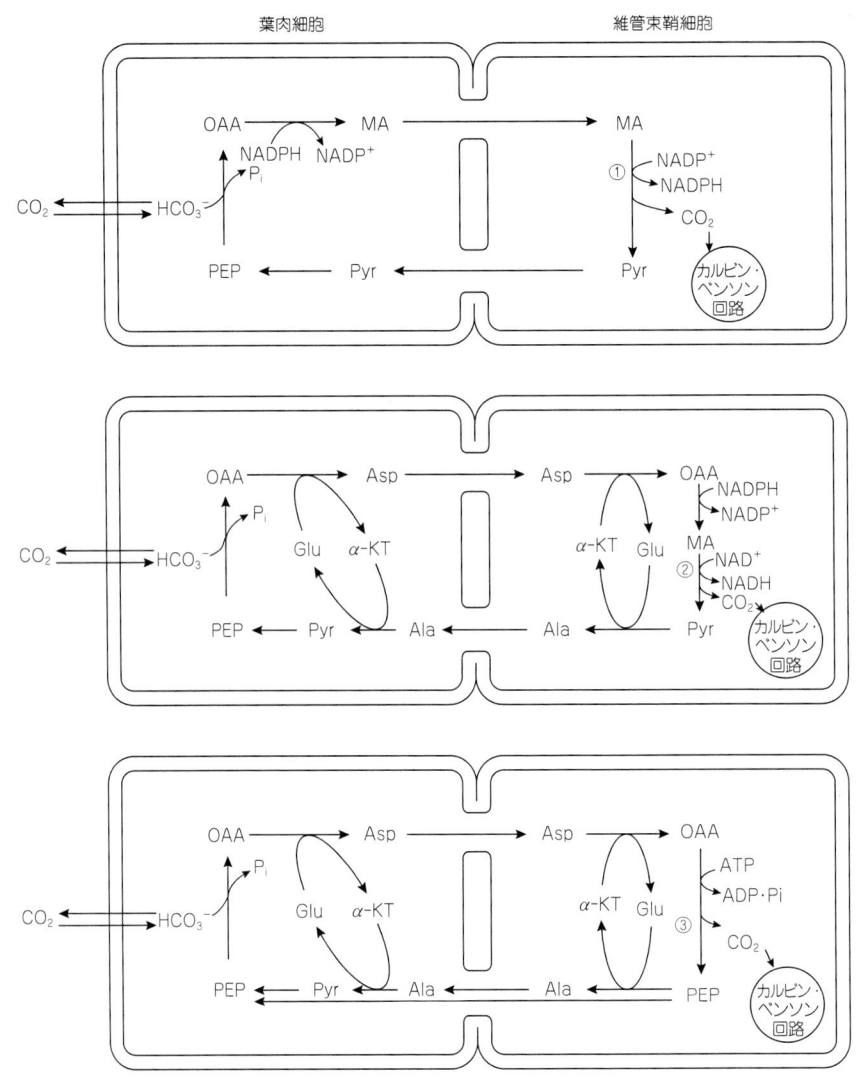

図 8.3 C₄ 植物の光合成経路の概略
① NADP⁺マリックエンザイム, ② NAD⁺マリックエンザイム, ③ PEP カルボキシキナーゼ.
PEP: ホスホエノールピルビン酸, OAA: オキサロ酢酸, Pyr: ピルビン酸, Ala: アラニン,
Asp: アスパラギン酸, Glu: グルタミン酸, α-KT: α-ケトグルタル酸, MA: リンゴ酸.

CAM 植物の光合成

　光合成に必要な CO_2 の多くは気孔から取り込まれる．しかし，高温で乾燥した地域に生息する植物は，気孔を開くことによって体内の水が蒸散により失われてしまう．水の蒸散を防ぐためには，日中は気孔を閉じ，気温が下がる夜間に気孔を開いて CO_2 を取り込むと効率的である．サボテン，ベンケイソウ，パイナップルなどの多肉植物は，夜間に気孔を開いて CO_2 を取り込み，PEPC で固定する．生成した OA は MA に変換され，液胞に蓄積される．日中に夜間蓄積した MA から脱炭酸によって CO_2 を生成し，カルビン・ベンソン回路で再固定する（図 8.4）．日

中に再び PEPC が働くと，MA からの脱炭酸によって生成した CO_2 が再び PEPC によって固定される可能性がある．植物はこのような事態を回避するために，日中には PEPC が働かないようにしている．夜間は PEPC がリン酸化されるが，リン酸化された PEPC は MA による阻害を受けにくい．日中は脱リン酸化され，MA によって活性が阻害される．

藻類の CO_2 濃縮機構

水中に生息する藻類やシアノバクテリアの光合成は，陸上植物と同じようにカルビン・ベンソン回路によって行われる．藻類やシアノバクテリアの Rubisco は，陸上植物の Rubisco よりも CO_2 に対する親和性が低い．また，水中の CO_2 濃度では Rubisco の最大活性を機能させることはできない．そのため，これらの生物は，細胞内に無機炭素（HCO_3^- と CO_2）を蓄積している．シアノバクテリアでは，カルボキシソームという構造体に無機炭素が濃縮されていることが知られている．藻類やシアノバクテリアにはカーボニックアンヒドラーゼ（$HCO_3^- + H^+ \longleftrightarrow CO_2 + H_2O$ の反応を触媒する）という酵素が存在し，濃縮した HCO_3^- を CO_2 に変換して，カルビン・ベンソン回路の基質をつくり出している．

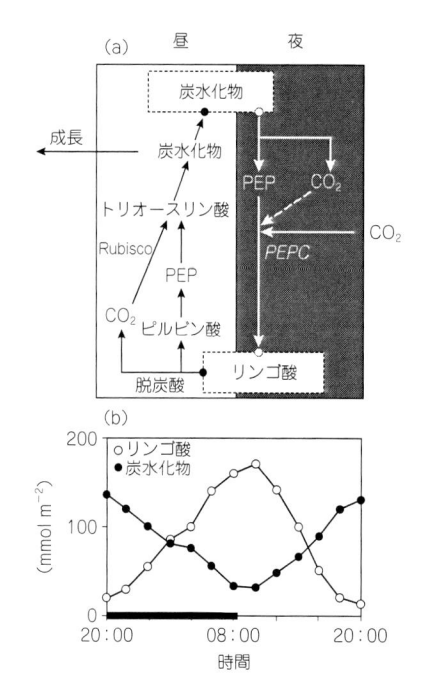

図 8.4 （a）CAM 植物の光合成経路
（b）リンゴ酸と炭水化物の変化
夜間に蓄積したリンゴ酸は，日中に炭水化物に変換される（Borland and Taybi, 2004 を改変）

==================== Tea Time ====================

葉緑体はつながっている

オワンクラゲから単離された蛍光タンパク質である GFP（green fluorescent protein）は，植物細胞の中でさまざまなタンパク質を可視化して調べるために用いられている．GFP を葉緑体のストロマで発現させたところ，葉緑体から細いチューブが出ていて，このチューブを介して葉緑体がつながっていることが分かった．この細いチューブは，ストロマで満たされたチューブ（stroma-filled tube）という意味で，ストロミュール（stromule）という名前が付けられた．ストロミュールにはチラコイド膜が存在しないため，クロロフィルもなく，普通の光学顕微鏡では観察することができない．ストロマで GFP を発現させることによって，葉緑体同士をつなぐ光るチューブとして可視化され，その存在が明らかになった．葉緑体は直径 $2 \sim 10 \mu m$ で，厚さは $2 \sim 3 \mu m$ のレンズ状の構造をしている．一般的なス

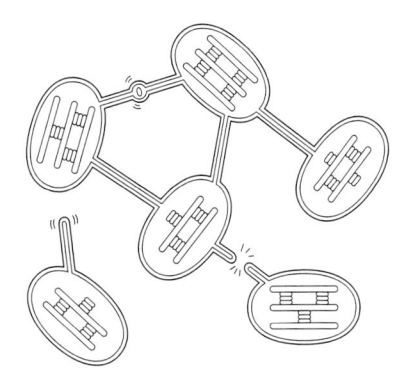

図 8.5 葉緑体のストロミュール模式図

トミュールの直径は 0.3〜0.8 μm で，長さは 50〜60 μm のことが多い．ストロミュールは固定された構造ではなく，活発に動きながら変化する．ストロミュールは，光合成組織の葉緑体だけでなく非光合成組織の色素体でも見られる．ストロミュールを通って物質の交換や細胞内長距離輸送が行われていると推定されているが，その実態はまだ明らかになっていない．

（加藤美砂子）

第 9 講

デンプンの合成と分解

キーワード：アミロース　　アミロペクチン　　ADP-グルコースピロホスホリラーゼ
　　　　　　スターチシンターゼ　　分枝酵素　　枝切り酵素　　アミラーゼ
　　　　　　スターチホスホリラーゼ

　デンプンは色素体で合成される貯蔵物質である．デンプンは不溶性の物質であり，高濃度に蓄積しても細胞内の浸透圧は上がらない．また，デンプンはグルコースとは異なり，酸化されやすいアルデヒド基を持たず，極めて安定な化合物である．そのため，多くの植物が炭水化物をデンプンとして蓄積する．

デンプンの化学構造

　デンプンはD-グルコースの重合体であるアミロース（amylose）とアミロペクチン（amylopectin）の混合物である（図9.1）．アミロースは数百〜千個程度のD-グルコースが$\alpha(1\to4)$結合によって重合した直鎖構造をとる．アミロペクチンは，$\alpha(1\to4)$結合したD-グルコース鎖の途中に，$\alpha(1\to6)$結合による分枝を持つ．

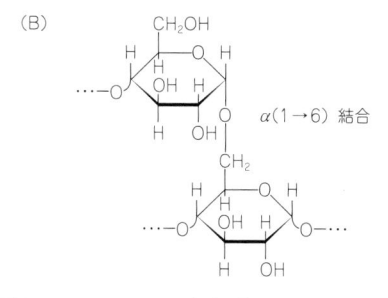

図9.1　アミロース（A）とアミロペクチン（B）の構造

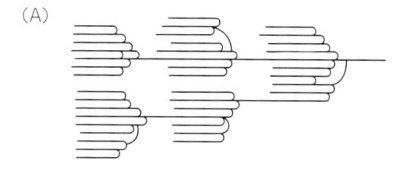

図9.2　アミロペクチン（A）とグリコーゲン（B）の構造の模式図

動物には，アミロペクチンと一次構造が似ているグリコーゲンが蓄積される．グリコーゲンも D-グルコースの重合体であり，ランダムな分枝鎖を持つ．それに対し，アミロペクチンはクラスターと呼ばれる基本構造がタンデムに連結され，分枝はクラスターの基部に存在する（図 9.2）．植物に存在するグリコーゲンは，フィトグリコーゲンと呼ばれている．デンプン中のアミロースとアミロペクチンの比率は，植物種によってさまざまである．日本人が食用とするコメは，デンプン中のアミロースが 20% 程度であるウルチである．それと比べて，アミロペクチン含量が極めて高いデンプンを含むコメをモチと呼ぶ．

デンプンの生合成

デンプンは色素体で合成される．葉緑体ではカルビン・ベンソン回路で合成されたトリオースリン酸から，複数の反応を経てグルコース 1-リン酸が合成される．グルコース 1-リン酸は，ADP-グルコースピロホスホリラーゼ（AGPase）によって ATP と反応し，ADP-グルコースとピロリン酸になる．ピロリン酸は，葉緑体にあるピロホスファターゼによってすぐに無機リン酸 2 分子に加水分解されるために，AGPase の反応は ADP-グルコースを生成する方向に進む．ADP-グルコースのグルコース残基は，スターチシンターゼ（starch synthase）の働きで α (1→4) 結合によって連結したグルカンのグルコース側鎖末端の C-4 位に，1 残基ずつ転移される．こうしてできるのが，直鎖のアミロースである（図 9.3）．スターチシンターゼには，色素体の可溶性分画に存在する酵素と，デンプン粒の表面に結合している酵素の 2 種類が存在する．デンプン粒に結合しているスターチシンターゼを欠く変異体は waxy 変異株と呼ばれ，イネやトウモロコシなどの植物で見つかっている．waxy 変異株はアミロースを含まないデンプンを合成することから，デンプン粒に結合しているスターチシンターゼはアミロースの生成に関与すると考えられている．色素体の可溶性分画の酵素は，アミロペクチンの生成に関与すると推定されている．

アミロペクチンの合成には，分枝酵素（branching enzyme）が関与する．分枝酵素の反応はアミロースの鎖伸長とは異なり，グルコースを 1 分子ずつ連結するの

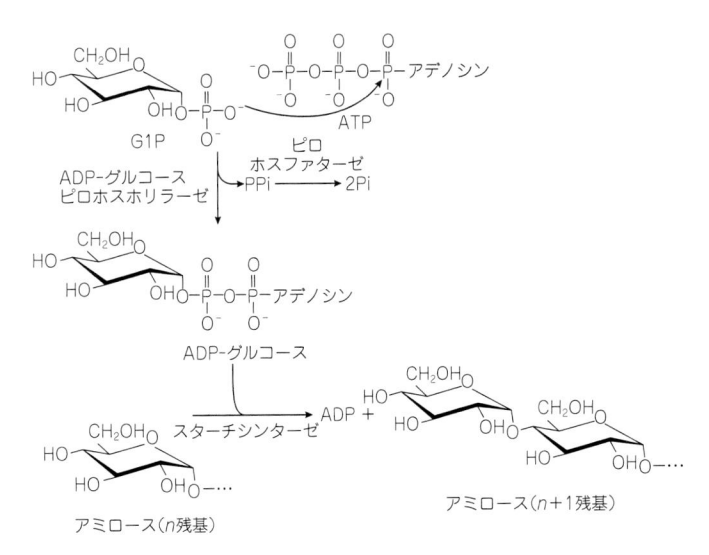

図 9.3 アミロースの生合成

ではない．α-1,4-グルカンの一部を切り取り，別のα-1,4-グルカンにα（1→6）結合で連結する．分枝酵素の反応は次のように表すことができる．

$$\alpha\text{-1,4-グルカン} \longrightarrow \alpha\text{-1,6-分枝-}\alpha\text{-1,4-グルカン}$$

図9.2に示すように，アミロペクチンの分枝は分子内に集中して存在する．そのため，アミロペクチンを合成する過程で枝切り酵素（debranching enzyme）が働き，不要な分枝を切断してトリミングを行う．枝切り酵素は，発見された当初はデンプンの分解の際に働く酵素と考えられていた．しかし，フィトグリコーゲンが大量に蓄積されているトウモロコシのシュガリー変異体の解析から，枝切り酵素がアミロペクチンの合成に関与することが証明された．

デンプン合成系では，AGPaseがデンプン合成を制御する重要な酵素であることが知られている．AGPaseはラージサブユニットとスモールサブユニットが2個ずつ結合した四量体である．それぞれのサブユニットをコードする遺伝子は複数存在するために，多数のアイソフォームが機能する．この酵素は3-ホスホグリセリン酸（PGA）によって活性化され，無機リン酸によって阻害されるアロステリック酵素である．植物に光が照射されると，葉緑体ではカルビン・ベンソン回路でPGAが合成され，光リン酸化が起こるために無機リン酸濃度が低下する．そのため，光が照射されると活発にデンプンが合成される．

デンプンの分解

植物内でのデンプン分解の詳細な過程は，いまだに明らかになっていない．デンプンの分解には，加水分解と加リン酸分解の2つの反応がある．加水分解に働く酵素はα-アミラーゼとβ-アミラーゼである．α-アミラーゼは，デンプン内部のグリコシド結合を開裂させる．それに対して，β-アミラーゼはデンプン分子の非還元末端からマルトース分子を遊離させる．α-アミラーゼの反応では，限界デキストリンと複数のグルコース，マルトースが生成する．β-アミラーゼの反応では，アミロペクチンのα（1→6）結合の分岐点で分解が停止するため，やはり，限界デキストリンが生成する．生成した限界デキストリンとマルトースは，α-グルコシダーゼによってグルコースにまで分解される．アミロペクチンの合成の際に働く枝切り酵素が，分岐鎖であるα（1→6）結合を切断すると推測されている．加リン酸分解は，スターチホスホリラーゼの働きにより，α-グルカンの非還元末端からグルコース1-リン酸を遊離させる．スターチホスホリラーゼは，分岐点から4残基離れた位置までの結合しか分解できないために，グルコシルトランスフェラーゼによって短鎖のグルカンをつなぎ，スターチホスホリラーゼの基質を再生産する．最近では，スターチホスホリラーゼはデンプンの分解だけでなく合成にも関与することが示唆されている．色素体のスターチホスホリラーゼはデンプン粒の表面で働き，デンプン粒の構造をトリミングする際の基質となるグルコース1-リン酸をデ

ンプンから遊離させる．遊離されたグルコース 1-リン酸は，別のグルカン鎖の伸長に用いられる．

=========== Tea Time ===========

メンデルの使ったエンドウの形質

19 世紀の遺伝学者メンデル（Gregor J. Mendel）は，エンドウの交配実験を繰り返し，遺伝の法則を導いたことで知られている．このとき用いたエンドウの対立形質の1つが，種子の丸としわであった．この表現型の違いの原因については長らく謎に包まれたままであったが，1990 年に，英国のマーチン（Cathie Martin）らのグループによって明らかにされた．驚くべきことに，しわの種子となるエンドウは，デンプン合成の際に働く分枝酵素の遺伝子のうちの1つが壊れていたのである．遺伝子の中にトランスポゾンに似た配列が挿入されることによって，複数存在する分枝酵素の1つが酵素としての機能を果たすことができなくなってしまう．その結果，デンプン合成能力が低くなり，本来，デンプンに変換されるべき炭素化合物はスクロースの状態で蓄積される．スクロースが多いと，細胞中の溶質の濃度が高くなり，水も細胞内に入ってくる．そのような種子が乾燥して大量の水を失うことにより，表面にしわがよると考えられる．

（加藤美砂子）

第10講

スクロースの合成と分解

キーワード：スクロースリン酸シンターゼ　フルクトース 2,6-ビスリン酸　インベルターゼ　スクロースシンターゼ

　スクロース（ショ糖）は，グルコースとフルクトースがグリコシド結合した二糖類であり，光合成の炭酸固定の主要な産物である．カルビン・ベンソン回路の中間産物であるトリオースリン酸は，葉緑体からサイトゾルに輸送され，スクロースの生合成に使われる．スクロースは，転流物質，貯蔵物質として重要であり，スクロース代謝とは直接関与しない遺伝子の発現調節にもかかわることが知られている．スクロースが代謝に使われる場合には，ヘキソースやヘキソースリン酸に分解されてから，代謝経路に導入される．ここでは，葉のような光合成器官と，根や発芽種子のような非光合成器官におけるスクロースの合成について解説する．また，スクロースの分解についても説明する．

光合成器官におけるスクロース合成

　カルビン・ベンソン回路の中間産物である C_3 化合物ジヒドロキシアセトンリン酸（DHAP）は，

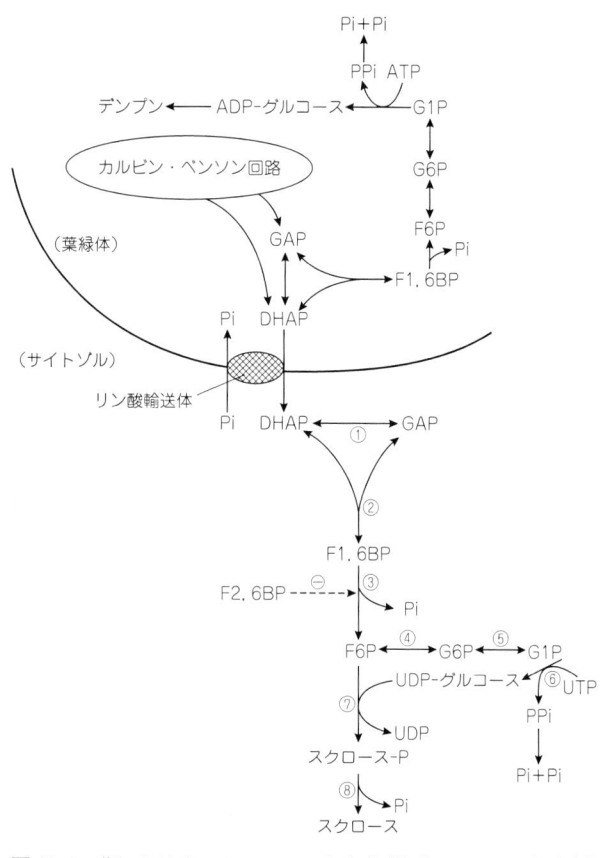

図 10.1　葉におけるスクロースの生合成（桜井ほか，2008 を改変）
① トリオースリン酸イソメラーゼ，② アルドラーゼ，③ フルクトース 1,6-ビスフォスファターゼ，④ ヘキソースリン酸イソメラーゼ，⑤ ホスホグルコムターゼ，⑥ UDP-グルコースピロホスホリラーゼ，⑦ スクロースリン酸シンターゼ，⑧ スクロースリン酸ホスファターゼ．

リン酸輸送体によるリン酸（Pi）の葉緑体への取り込みと共役して，葉緑体からサイトゾルへ出される（図10.1）．DHAPの一部はトリオースリン酸イソメラーゼにより，異性体であるグリセルアルデヒド3-リン酸（GAP）になる（反応①）．アルドラーゼによりDHAPとGAPが縮合し，フルクトース1,6-ビスリン酸（F1,6BP）ができる（反応②）．フルクトース1,6-ビスリン酸ホスファターゼ（F1,6BPホスファターゼ）により，リン酸が除去されて，フルクトース6-リン酸（F6P）ができる（反応③）．F6Pの一部は，ヘキソースリン酸イソメラーゼで異性化され，グルコース6-リン酸（G6P）になり（反応④），さらにホスホグルコムターゼの反応でグルコース1-リン酸（G1P）になる（反応⑤）．UDP-グルコースピロホスホリラーゼにより，G1PとUTPから，UDP-グルコースができる．この反応で，UTPからピロリン酸（PPi）が除かれる（反応⑥）．スクロースリン酸シンターゼ（SPS）により，F6PとUDP-グルコースから，スクロースリン酸とUDPができる（反応⑦）．スクロースリン酸ホスファターゼにより，リン酸が除去され，スクロースができる（反応⑧）．反応⑦と⑧を触媒する2つの酵素は，複合体として存在し反応が連続的に進むので，中間産物のスクロースリン酸は蓄積されない．

葉におけるスクロース合成の調節

葉におけるスクロース合成の制御は，F1,6BPホスファターゼとSPSの酵素活性の制御により調節される．F1,6BPホスファターゼは，低濃度のフルクトース2,6-ビスリン酸（F2,6BP）により強力に阻害される．F2,6BPは，1980年代に動物の肝臓の解糖系の酵素，ホスホフルクトキナーゼの活性化剤として発見された物質であり，中間代謝の基質としてではなく，調節物質として作用する．F2,6BPの合成と分解は，図10.2に示したように，F2,6BP生産に特異的なホスホフルクト2-キナーゼ（PFK2）により，F6PのC-2位にATPのγ位のリン酸が転移することに

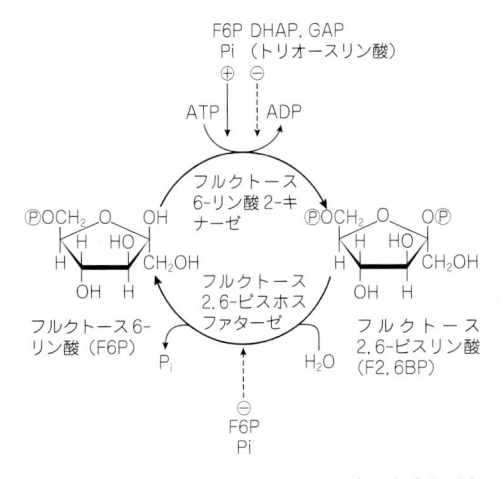

図10.2 フルクトース2,6-ビスリン酸の合成と分解

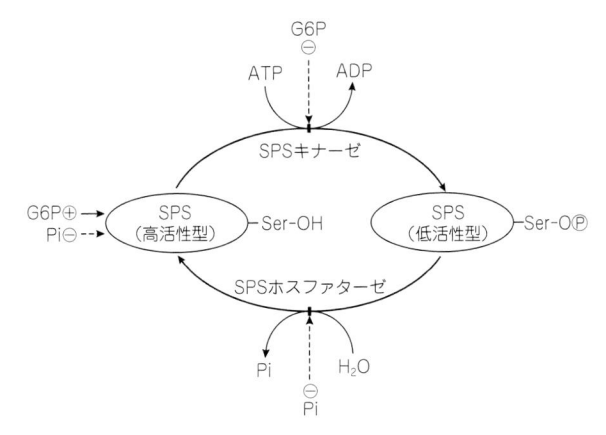

図10.3 スクロースリン酸シンターゼの活性調節

よってつくられ，F2,6BPホスファターゼにより加水分解されてF6PとPiになる．DHAPやGAPはPFK2の活性を阻害するため，サイトゾルのF2,6BPレベルは低下し，F1,6BPホスファターゼは阻害されない．一方，PiとF6PはPFK2を活性化し，F2,6BPホスファターゼを阻害するので，F2,6BPのレベルは増加する．その結果，F1,6BPホスファターゼ活性は阻害される．カルビン・ベンソン回路が活発で，葉緑体からリン酸輸送体により多量のDHAPがサイトゾルに搬出され，それに共役してPiがサイトゾルから葉緑体に搬入されるような状況下では，F2,6BPのレベルが低下して，F1,6BPホスファターゼは阻害されず，スクロース合成が進行することになる．

　スクロース合成の後半の酵素であるSPSは，アロステリック酵素であり，Piが負の，G6Pが正のエフェクターとして働く．また，この酵素タンパク質は，リン酸基により化学修飾され，セリン残基がSPSキナーゼによりリン酸化されると活性が低下する（図10.3）．脱リン酸化は，SPSホスファターゼによる．SPSタンパク質のリン酸化（低活性化）はG6Pにより阻害され，脱リン酸化（高活性化）はリン酸により阻害される．前半のF1,6BPホスファターゼによりF6Pができると，サイトゾルではヘキソースリン酸イソメラーゼの反応で一部はG6Pになる（F6PとG6Pは平衡状態になっており，後者の方が濃度比は高い）．このような状況下では，SPSが活性化されスクロース合成が進行する．一方，サイトゾルのPiが葉緑体に搬出されない状態では，スクロース合成の2つの調節酵素の活性が阻害され，スクロース合成が停止する．

非光合成器官におけるスクロース合成

　スクロースの合成は，非光合成器官を含むほとんどの細胞で普遍的に見られる．例えば，根や種子などの貯蔵器官にためられたデンプン，脂肪，タンパク質などは分解され，最終的にはF6PとUDP-グルコースに変換されて，SPSとスクロースリン酸ホスファターゼによりスクロースの合成につかわれる．植物にも動物で見られるような糖新生系（gluconeogenesis）がある．この経路は，基本的には解糖系（第12講参照）の逆反応であるが，3つのキナーゼの反応は不可逆反応なので利用できない．脂肪やアミノ酸は，グリオキシル酸回路（第17講）やTCA回路（第14講）でオキサロ酢酸に変換された後に，ホスホエノールピルビン酸（PEP）カルボキシキナーゼの働きでPEPになり，解糖系の逆反応でF1,6BPまで戻って，スクロース合成系に入る．非光合成組織におけるスクロース合成の調節機構はあまり分かっていないが，脂肪種子であるヒマのF1,6BPホスファターゼも葉の酵素と同様，F2,6BPにより活性が阻害されることが報告されている．

スクロースの分解

スクロースは，貯蔵・転流物質であるが，そのままの形では代謝できないため，利用されるためには単糖に分解される必要がある．スクロースを分解する酵素には，インベルターゼ（反応①）とスクロースシンターゼ（反応②）がある．植物種や器官により関与度は異なるが，どちらの酵素もスクロースの分解にかかわっている．

$$\text{スクロース} + H_2O \longrightarrow \text{グルコース} + \text{フルクトース} \qquad ①$$
$$\text{スクロース} + UDP \longrightarrow UDP\text{-グルコース} + \text{フルクトース} \qquad ②$$

インベルターゼにはアイソザイムがあり，サイトゾルのほか，細胞壁や液胞にもある．サイトゾルの酵素はアルカリ性インベルターゼで，最適pHは7.5付近にある．一方，細胞壁や液胞にあるのは酸性インベルターゼ（最適pH約5）である．サトウキビなどの植物では，転流されたスクロースが，細胞壁のインベルターゼで一度グルコースとフルクトースに分解されてから取り込まれ，細胞内でスクロースが再合成される．一方，ジャガイモの塊茎のスクロース分解には，スクロースシンターゼの関与が大きいことが報告されている．セルロースは，グルコースが$\beta(1\rightarrow 4)$結合した物質であり，UDP-グルコースが基質としてつかわれる．セルロースシンターゼは細胞膜に結合した複合体であるが，膜結合型スクロースシンターゼは，スクロースの分解で生じたUDP-グルコースをセルロース合成のために供給している．スクロースの分解で生じたグルコースやフルクトースは，ヘキソキナーゼにより糖リン酸になり代謝につかわれる．スクロースの分解と解糖系へのヘキソースの導入は，いくつかの可能性があるが，図10.4に示した経路ではピロリン酸：フルクトース6-リン酸ホスホトランスフェラーゼ（PFP）が含まれる（第12講参照）．植物には，基質特異性の異なるヘキソキナーゼが複数あるが，中でもUTP依存のフルクトキナーゼの活性が強い．

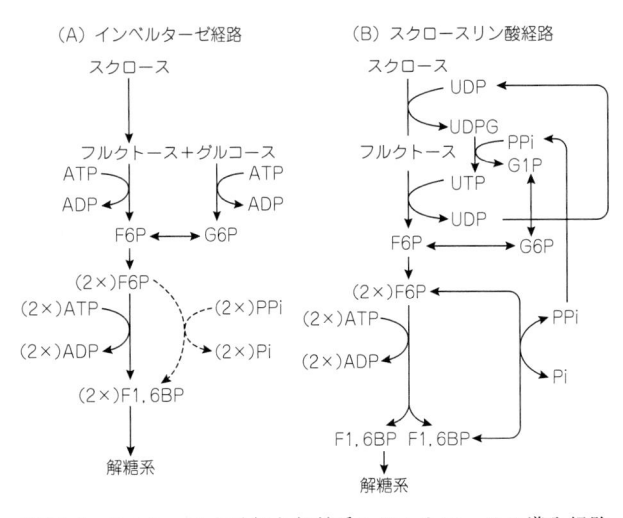

図10.4 スクロースの分解と解糖系へのヘキソースの導入経路
　　　　（Huber and Akazawa, 1986を改変）
ここに示したインベルターゼ経路，スクロースリン酸経路には，それぞれPFPが，解糖系方向とその逆方向で含まれている．

===== Tea Time =====

砂糖の原料はテンサイとサトウキビに蓄積されたスクロースである

　スクロースは，砂糖の主成分である．砂糖は，サトウキビ，テンサイ，サトウカエデなどの抽出液から生産するが，全生産量の70％はサトウキビから，残りの30％はテンサイからとられている．ちなみに，日本国内での生産を見るとテンサイからの方が多く，全体の約80％を占め，ほとんどは北海道で生産されている．テンサイは，もともとは地中海沿岸の原産であるが，現在はEU諸国，ロシア，米国など寒冷地で作られている．これは，砂糖の自給を目的として，19世紀にヨーロッパでテンサイからの砂糖の生産が広まったためらしい．テンサイは，植物学的にはナデシコ目ヒユ科に属する，C_3光合成をする双子葉植物である．根は1kgくらいに肥大するが，この中に15〜20％のスクロースを蓄積する．テンサイの根を切り出し，温水で糖を抽出して，濃縮して砂糖を作る．一方，サトウキビは，イネ科の単子葉植物で熱帯の原産である．この植物の光合成がC_4型であることが発見されたのは，ハワイさとうきび生産者協会の研究所であった．ハワイのサトウキビ産業には日系人も多数かかわっており，19世紀には100もの製糖工場があった．しかし，ハワイの製糖業は衰退し，現在はマウイ島で1社のみが操業している．今日では，ブラジル，インド，中国がサトウキビを原料とした砂糖の主要産地である．日本国内では，沖縄県，鹿児島県で作られている．サトウキビの場合は，木化した茎から搾り出した汁を煮詰めることにより砂糖をとる．最近，サトウキビはバイオエタノール製造などの原料としても使われており，スクロースは蓄積しないがバイオマスの大きい品種（いわゆる"Energycane"）の選抜が行われている．

図10.5 ハワイ・マウイ島におけるサトウキビの収穫と製糖工場（2010年ハワイ州カフルイにて，芦原撮影）

（芦原　坦）

第11講

糖質の代謝

キーワード：オリゴ糖類　多糖類　ウロン酸　アスコルビン酸
ポリオール類　適合溶質

　植物は，カルビン・ベンソン回路やペントースリン酸経路によって，炭素数が3から7までの単糖類（モノサッカライド）のリン酸エステルをつくる．これらを前駆体として，さまざまな糖関連物質が合成される．単糖類からは，オリゴ糖（オリゴサッカライド）や多糖類（ポリサッカライド）が生成される．本講では，植物に見られる糖の種類と，スクロースやデンプン以外の糖質の生合成系について述べる．

糖の種類

　糖質の代謝を解説する前に，糖の種類と構造について簡単に述べる．単糖類は，$(CH_2O)_n$ で示すことができる．分子内に還元性基として，アルデヒド基（−CHO）を持つアルドースと，ケトン基（>C=O）を持つケトースに分類される．単糖類が数個グリコシド結合したオリゴ糖，多数結合した多糖類がある．糖は核酸，糖タンパク質，糖脂質の構成成分でもある．糖の誘導体には，デオキシ糖，アミノ糖，ウロン酸，γ-ラクトンであるアスコルビン酸，ポリオールなどがある．

オリゴ糖

　二糖類は，単糖が2分子グリコシド結合したものである．スクロース（α-D-グルコピラノシル-(1↔2)-β-D-フルクトフラノシド）は，グルコースとフルクトースがそれぞれの還元性基で結合している，植物に最も多量に存在するオリゴ糖である．グルコースのアルデヒド基とフルクトースのケトン基がグリコシド結合されているために，酸化されず還元性を持たない（図11.1）．スクロースの合成・分解については，第10講で詳しく述べた．グルコースが2分子結合した糖には，α(1→4)結合したマルトース（図11.1），α(1→1)結合したトレハロース（図11.1），β(1→4)結合したセルビオースなどがある．トレハロースは，山岳地帯の岩に着生するイワヒバ（図11.2）に多量に含まれる．イワヒバは乾燥状態では干からびた状態になるが，雨が降ると元に戻る．これはトレハロースを含有しているためである．ト

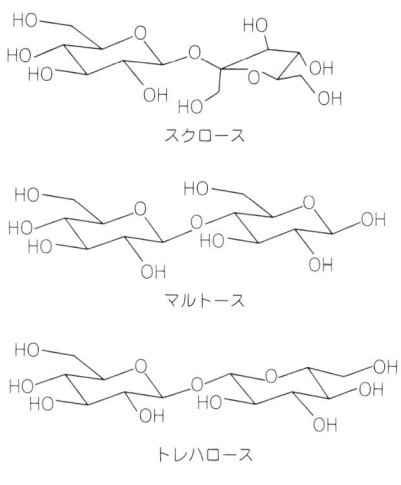

図 11.1 二糖類の構造
立体配座モデルで表示.

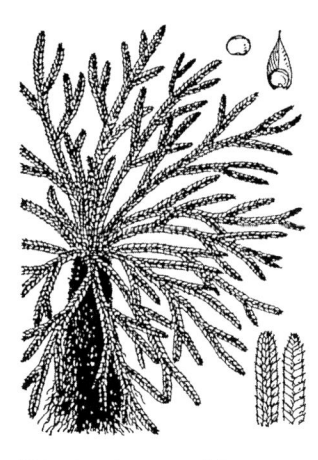

図 11.2 イワヒバ（前川ほか，1961）

レハロースは，海藻やキノコ類にも含まれる．生合成は，トレハロース 6-リン酸シンターゼとトレハロース 6-リン酸シンターゼホスファターゼにより触媒される，以下の反応で起こる．

グルコース 6-リン酸 + UDP-グルコース ⟶ トレハロース 6-リン酸 + UDP

トレハロース 6-リン酸 + H_2O ⟶ トレハロース + Pi

最近の研究では，トレハロース合成系酵素の遺伝子は，シロイヌナズナやイネにもあり，乾燥や低温ストレスに応答して発現することが明らかにされつつある．マルトースとセロビオースは，それぞれ，デンプン，セルロースの分解産物として生じる．三糖類には，ガラクトース，グルコース，フルクトースからなるラフィノースがある．サトウダイコン，ユーカリ樹液などに比較的多く含まれている．四糖類には，2分子のガラクトース，グルコース，フルクトースからなるスタキオースがある．この物質は，ダイズ種子，チョロギ塊茎などに分布している．

多 糖 類

同じ種類の単糖類から構成されるホモ多糖類には，構成単糖がグルコースのグルカン，フルクトースのフルクタン，マンノースのマンナンがある．グルカンには，$\alpha(1\rightarrow4)$ 結合の主鎖を持つデンプン，$\beta(1\rightarrow4)$ 結合したセルロース，$\beta(1\rightarrow3)$ 結合したカロースなどが植物で普通に見られる．フルクタンには，フルクトースが $\beta(2\rightarrow1)$ 結合したイヌリン，マンナンには，マンノースが $\beta(1\rightarrow4)$ 結合した β-マンナンがある．ヘテロ多糖類には，細胞壁の構成成分のヘミセルロースがある．これはキシラン，マンナン，ガラクタン，グルカンの混合物である．キシランは，キシロースが $\beta(1\rightarrow4)$ 結合したものにアラビノース，ガラクツロン酸などの側鎖が結合して生じる．

ウロン酸

ウロン酸とは，単糖類の非還元末端のヒドロキシメチル基（−CH_2OH）が酸化されてカルボキシル基（−COOH）となったカルボン酸の総称である．グルコース，ガラクトース，マンノース由来のウロン酸は，それぞれ，グルクロン酸（図11.3），ガラクツロン酸，マンヌロン酸である．グルクロン酸は，ヘミセルロース，サポニン，アラビアゴムなどの構成成分である．ガラクツロン酸は，ペクチンの主成分であり，多くはメチルエステル化されている．マンヌロン酸には，褐藻や紅藻類が生産する多糖であるアルギン酸がある．

UDP-グルクロン酸は，UDP-グルコース 6-リン酸デヒドロゲナーゼにより，UDP-グルコースから以下の反応で生成される．

UDP-グルコース + 2NAD^+ + H_2O ⟶ UDP-グルクロン酸 + 2NADH + 2H^+

UDP-グルクロン酸，UDP-ガラクツロン酸は，グルクロン酸，ガラクツロン酸を含む多糖類の合成につかわれる．

アスコルビン酸

アスコルビン酸は，重要な抗酸化物質であり，活性酸素消去に関与する．アスコルビン酸の生合成系は動物で明らかにされていたが，植物にはこれとは異なる生合成経路があることが最近分かった．この経路は，スミノフ・ウィーラー（Smirnoff-Wheeler）経路と呼ばれ，中間体として，GDP-マンノース，GDP-L-ガラクトース，L-ガラクトースを持つ．L-ガラクトースは脱水素酵素により，L-ガラクトノ 1,4-ラクトンになり，ミトコンドリアで酸化されてアスコルビン酸になる（図11.4）．

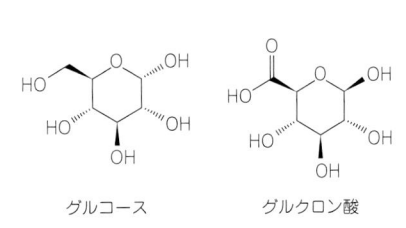

図 11.3 グルコースとグルクロン酸

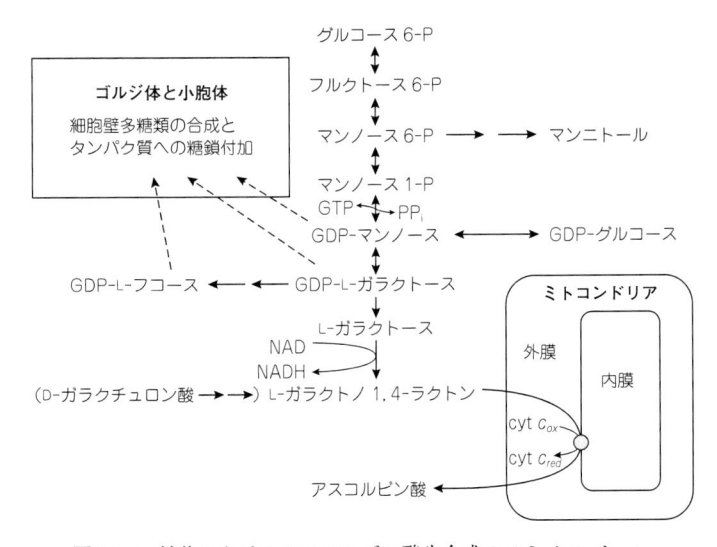

図 11.4 植物におけるアスコルビン酸生合成のスミノフ・ウィーラー経路（Sminoff *et al.* 2001 を改変）
D-ガラクチュロン酸からの別経路も推定されている．

ポリオール類

アルドースやケトースのカルボニル基が還元されると,糖アルコールが生成される.2個以上のアルコール性ヒドロキシ基を持つものはポリオール(多価アルコール)と呼ばれる.代表的なものとして,マンニトール(図11.5),ソルビトール,ミオイノシトール(図11.6)がある.マンニトールは,フルクトース6-リン酸から,マンノース6-リン酸を経由してできる(図11.5).ミオイノシトールは最初筋肉で発見されたが,植物にも広く分布する.フィチン酸や他のイノシトールリン酸のほか,リン脂質であるホスファチジルイノシトールの成分である.

ミオイノシトールは,グルコース6-リン酸からミオイノシトール1-リン酸シンターゼ,ミオイノシトールリン酸ホスファターゼにより,図11.6の反応で生成される.ミオイノシトールのヒドロキシル基すべてがリン酸化されたフィチン酸は,植物の種子でのリン酸の貯蔵型として重要である.このカルシウム・マグネシウム塩は水に不溶性でフィチンと呼ばれる.穀類種子では,リン酸の75～80%がフィチンの形で見出される.ミオイノシトールは,ガラクトースと結合してガラクチノールとなり,ガラクトース供与体として少糖類の生成に関与する.イノシトール1,4,5-トリリン酸(IP_3)は,細胞のシグナル伝達に使われるセカンドメッセンジャーの1つである.水溶性のIP_3は,細胞膜のリン脂質であるホスファチジルイノシトール4,5-ジリン酸(PIP_2)がホスホリパーゼC(PLC)によって加水分解されて生成する(図11.7).ミオイノシトールがメチル化されるとオノニトールが生じる.さらにオノニトールエピメラーゼによりピニトールができる(図11.6).マンニトールやピニトールは,乾燥,塩,寒冷などによるストレスで含量が増える.

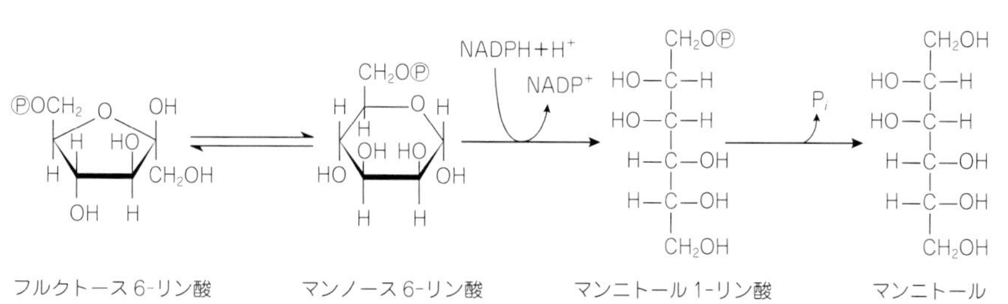

図11.5 マンニトールの生合成経路

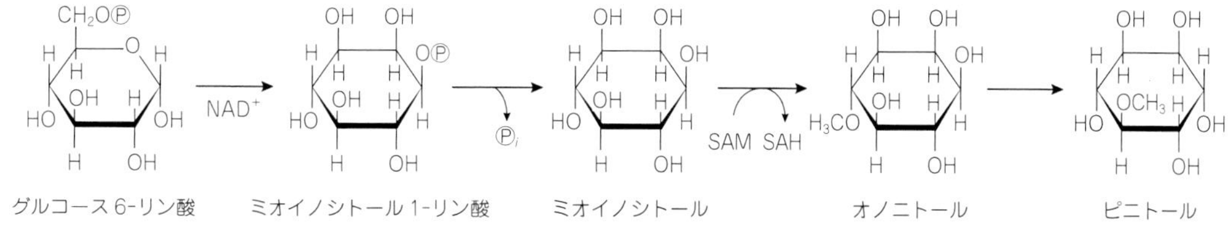

図11.6 イノシトール関連物質の生合成経路

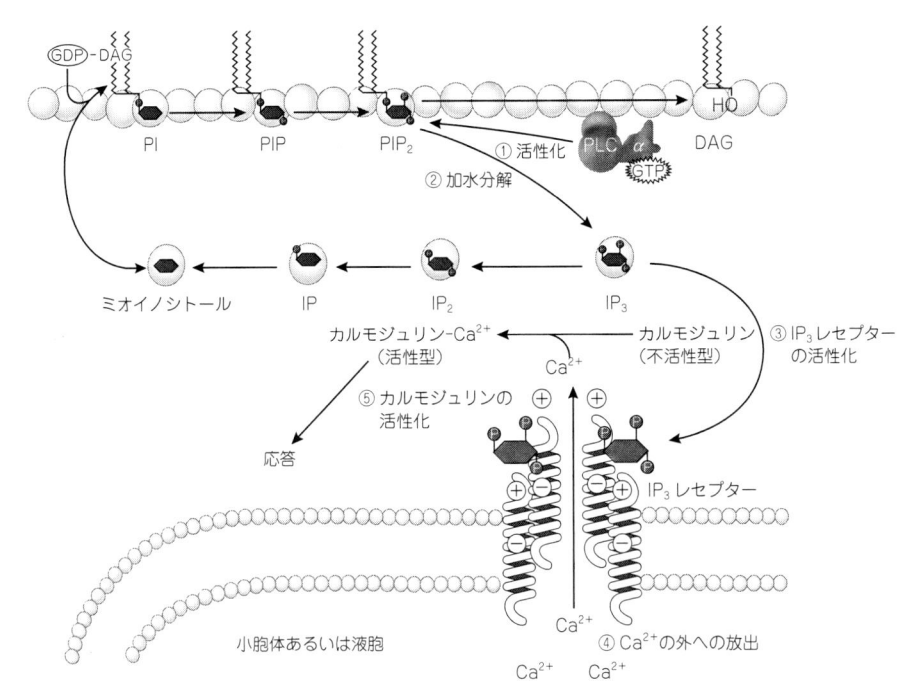

図 11.7　ミオイノシトールリン酸と情報伝達（Trewavas, 2000 を改変）

= Tea Time =

マングローブ植物と適合溶質

　マングローブ植物とは，熱帯・亜熱帯の潮間帯に成立する森林群落を構成する植物種のことである．日本では，沖縄県・西表島にマングローブの群落が見られる．主要な構成種は，ヒルギ科のオヒルギ，メヒルギ，ヤエヤマヒルギ，マヤプシキ科のマヤプシキ，クマツヅラ科のヒルギダマシである（図 11.8）．これらは，通気根など特殊な根の構造を持ち，胎生種子など一般の植物と異なる種子をつくる．このほか，形態的には一般の樹木に近い，シクシン科のヒルギモドキ，ミソハギ科のミズガンピもある．これらのマングローブ植物は海水に浸る土地で生育するので，酸素欠乏と塩ストレスを回避するためにこのような形態をとる．一方，目には見えない代謝レベルでも塩ストレスに対する応答がある．その 1 つが，浸透圧調節のため

図 11.8　西表島のマングローブ（2005 年，笹本・芦原撮影）

に合成される適合溶質である．細胞膜は半透膜なので，外界の塩濃度が高いと細胞内から水が海水中に出てしまい，細胞は原形質分離を起こしてしまう．そこで，マングローブ植物は，適合溶質と呼ばれる物質を細胞内に合成することにより，細胞内の浸透圧を高めて，植物体を吸水が可能な状態に保つ．ポリオールは，マングローブ植物に普通に見られる適合溶質である．前述した3種のヒルギ科のマングローブの主要な適合溶質はピニトールである．マヤプシキ，ヒルギモドキ，ミズガンピではマンニトールである．タイに生育しているロッカクヒルギの適合溶質は，O-メチルムコイノシトールである．西表島のマングローブの中で特徴的なのはヒルギダマシで，この植物では，葉で窒素化合物であるグリシンベタインを適合溶質として生じるほか，茎や根では，オリゴ糖のスタキオースが蓄積される．このような適合溶質は，細胞内の代謝を乱すことがなく，ある場合には細胞内のタンパク質の安定化をする．

(芦原　坦)

第12講

解　糖　系

キーワード：ホスホフルクトキナーゼ（PFK）　ピルビン酸　バイパス反応
ピロリン酸：フルクトース 6-リン酸ホスホトランスフェラーゼ（PFP）

　解糖系は，糖を嫌気的に分解し，ピルビン酸を生成する経路であり，代謝の流れが極めて大きい主要経路である．糖の異化によるエネルギーの産出経路として重要であるが，特に植物では，この経路が生合成の基質の生産経路としての役割も持つ．10種の酵素から構成される解糖系は，微生物，植物，動物を問わずほとんどの生物にある．植物では，これ以外の酵素も解糖系に関与している．解糖系とその活性制御には，生物種，組織，器官により多様性が見られる．植物では，サイトゾルとプラスチドに解糖系があり，基本的な解糖系以外の酵素が，いわゆるバイパス経路を構成している．

一般的な解糖系

　植物の解糖系を述べる前に，一般的に解糖系といわれている経路，すなわちグルコースからピルビン酸ができる反応（図12.1）について述べる．グルコースが解糖系で代謝されるためには，リン酸エステルになる必要がある．ATPを使うヘキソキナーゼによりグルコース 6-リン酸（G6P）ができる（反応①）．G6Pはグルコースリン酸イソメラーゼにより異性化され，フルクトース 6-リン酸（F6P）になる（反応②）．F6Pは，ATP依存ホスホフルクトキナーゼ（PFK）によりさらにリン酸化され，フルクトース 1,6-ビスリン酸（F1,6BP）ができる（反応③）．この酵素はアロステリックな性質（基質であるF6Pによる活性化，高濃度のATPによる阻害など）を持ち，多くの生物で解糖系の調節酵素である．F1,6BPは，アルドラーゼの反応でジヒドロキシアセトンリン酸（DHAP）とグリセルアルデヒド 3-リン酸（GAP）に分解される（反応⑤）．DHAPは，トリオースリン酸イソメラーゼにより異性化して，GAPが2分子できる（反応⑥）．GAPは，NAD$^+$依存のグリセルアルデヒド 3-リン酸デヒドロゲナーゼの反応で無機のリン酸が結合して，1,3-ビスホスホグリセリン酸ができる（反応⑦）．次の反応は，3-ホスホグリセリン酸キナーゼにより触媒され，1位の炭素に結合していたリン酸がADPに転移されて

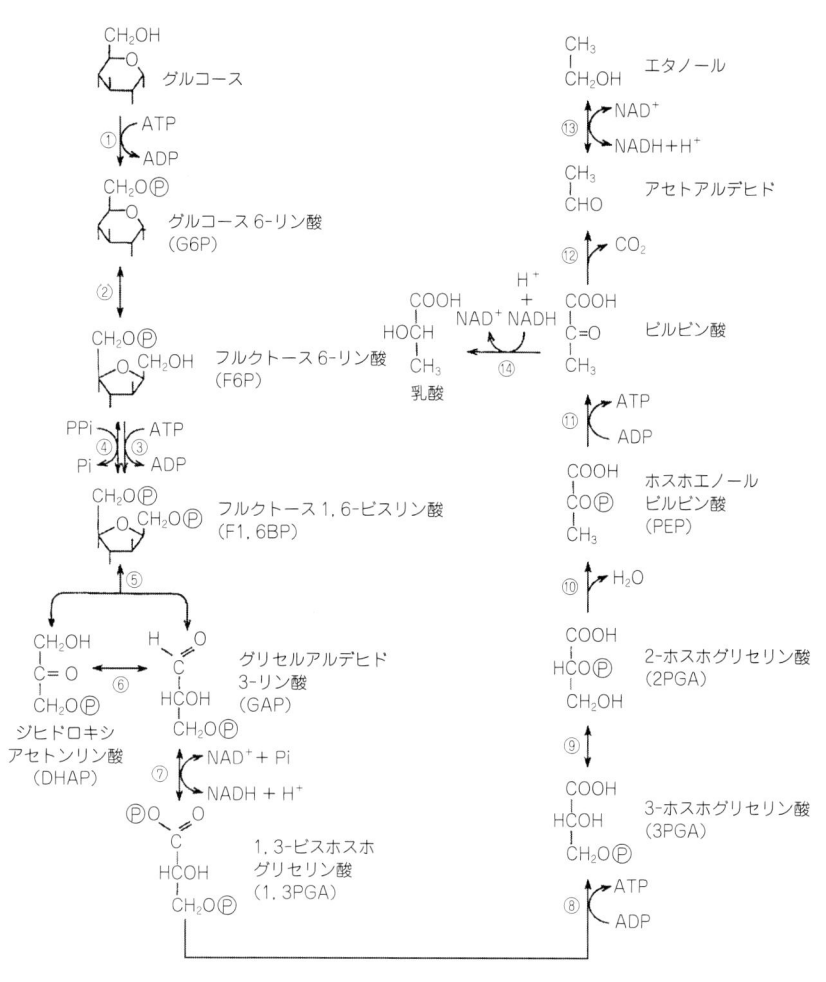

図 12.1 植物の解糖系
グルコースからの代謝経路を示す．① ヘキソキナーゼ，② グルコースリン酸イソメラーゼ，③ ホスホフルクトキナーゼ，④ ピロリン酸：フルクトース 6-リン酸ホスホトランスフェラーゼ，⑤ アルドラーゼ，⑥ トリオースリン酸イソメラーゼ，⑦ グリセルアルデヒド 3-リン酸デヒドロゲナーゼ，⑧ 3-ホスホグリセリン酸キナーゼ，⑨ ホスホグリセロムターゼ，⑩ エノラーゼ，⑪ ピルビン酸キナーゼ，⑫ ピルビン酸デカルボキシラーゼ，⑬ アルコールデヒドロゲナーゼ，⑭ 乳酸デヒドロゲナーゼ．

ATP が生産され，3-ホスホグリセリン酸（3PGA）ができる（反応⑧）．3PGA は，ホスホグリセロムターゼにより 2-ホスホグリセリン酸（2PGA）になる（反応⑨）．2PGA は，エノラーゼによる脱水反応で，ホスホエノールピルビン酸（PEP）に変換される（反応⑩）．PEP は，ピルビン酸キナーゼの反応でピルビン酸になるが，2位の炭素のリン酸基が ADP に転移して ATP ができる（反応⑪）．多くの生物で見られる解糖系では，ここに示した経路が存在している．前半にヘキソース（C_6 化合物）のリン酸化のために ATP を使う反応が 2 カ所あり，後半にトリオース（C_3 化合物）から ATP を生じる反応が 2 カ所ある．従って，グルコース 1 分子がこの系で代謝されると，2 分子の ATP が得られることになる．

植物の解糖系

植物細胞の細胞質には，動物と異なり，プラスチド（葉などの葉緑体，根などの白色体）が含まれ，サイトゾルとプラスチドの両方に解糖系がある．植物において解糖系に導入される基質は，グルコースのみならず，スクロースの分解で生じるフルクトースやF6P，デンプン由来のグルコース1-リン酸（G1P）の場合もある．植物には，複数のヘキソキナーゼがあり，フルクトースに特異的な酵素（フルクトキナーゼ）や，UTPなどのATP以外のヌクレオシドトリリン酸をリン酸供与体として使う酵素もある．F6Pは直接，解糖系に導入される．G1Pは，ホスホグルコムターゼによりG6Pに変換されてから解糖系に入る．ホスホグルコムターゼやホスホグルコースイソメラーゼの活性は極めて高く，植物細胞内でのヘキソースリン酸の相互変換は容易である．

F6PのF1,6BPへの変換は，PFKのほかに，ピロリン酸（PPi）を使う酵素，ピロリン酸：F6Pホスホトランスフェラーゼ（PFP）によっても行われる（図12.1，反応④）．PFKと異なり，PFPはサイトゾルにのみある．シロイヌナズナには7つのPFKの遺伝子ファミリーがあり，このうち2つの遺伝子には，葉緑体への移行シグナルをコードする配列が含まれている．一方，PFPには4つのイソフォームが見られる．PFKの反応の平衡は，F1,6BP生成の方に大きく偏っている．一方，PFPの反応は可逆反応である．植物のPFPは，活性化にフルクトース2,6-ビスリン酸（F2,6BP）が必要であるが，サイトゾルにはPFPの活性化に必要な濃度のF2,6BPは通常存在しているので，F2,6BPレベルの変動が解糖系活性に影響を及ぼすことはあまりない．F2,6BPがスクロース合成調節に関与していることはすでに述べた（第10講）．哺乳動物のPFKは，解糖系全体を制御する調節酵素の1つであると考えられており，高濃度のATPで阻害され，この阻害はAMPで回復される．また，F2,6BPは，動物の肝臓のPFKの強力な活性化剤である．肝臓の糖新生を促進させるペプチドホルモンであるグルカゴンの濃度が増加すると，F2,6BPレベルが低下してPFK活性が抑えられ，解糖系が抑えられる．植物のPFKは，高濃度のATPによる阻害は見られるが，この阻害はAMPによってではなくPiによって回復される．解糖

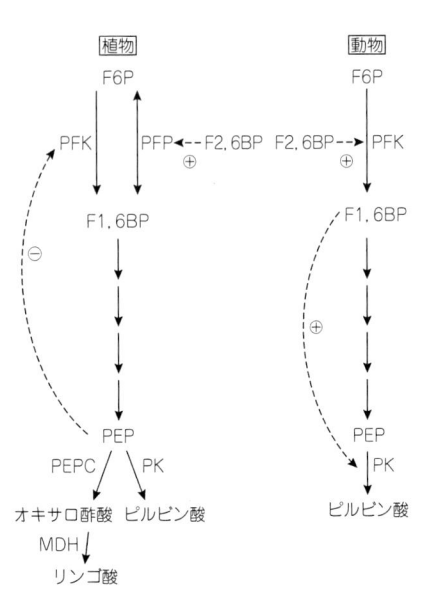

図12.2 植物と動物における解糖系の主要な調節機構
PFK：ホスホフルクトキナーゼ，PFP：ピロリン酸：F6Pホスホトランスフェラーゼ，PK：ピルビン酸キナーゼ，PEPC：ホスホエノールピルビン酸カルボキシラーゼ，MDH：リンゴ酸デヒドロゲナーゼ．

系の後半の代謝物である PEP は，PFK 活性を強く阻害する．動物と植物における解糖系の主要な調節機構を図 12.2 に示した．

植物細胞には，解糖系によるグリセルアルデヒド 3-リン酸の 3PGA への変換に 2 つの異なる経路が関与する．1 つは，すでに述べた 1,3PGA を経る経路であるが，もう 1 つは，リン酸化反応を伴わない $NADP^+$ 依存のグリセルアルデヒド 3-リン酸デヒドロゲナーゼである．解糖系の最後の中間産物である PEP からピルビン酸の変換にもいくつかの経路がある．ピルビン酸キナーゼは一般的な解糖系の酵素であるが，動物の酵素と異なり，F1,6BP による活性化，アラニンやフェニルアラニンによる阻害は見られない．PEP は，PEP カルボキシラーゼ（PEPC）や，場合によっては PEP ホスファターゼや PEP カルボキシキナーゼによっても，TCA 回路で使われる物質に変換可能である（図 12.2）．植物では，PEPC 活性が PK 活性より強いことが多く，PEPC の生成物であるオキサロ酢酸が，リンゴ酸デヒドロゲナーゼとミトコンドリアの NAD^+ リンゴ酸経路の働きでピルビン酸に変換され，アセチル CoA を経て TCA 回路に導入される．

ここに示したように，植物細胞における解糖系のしくみは複雑である．葉緑体とサイトゾルの解糖系の活性は別個に調節されるが，一般に葉緑体の酵素の方が強い制御を受ける．また，中間産物の輸送を介して相互に影響を受けることになる．

アルコール発酵と乳酸発酵

好気的条件下では，解糖系で生じたピルビン酸はミトコンドリアに輸送され，TCA 回路で酸化される．一方，O_2 の供給が制限された条件下（根，冠水した植物など）では，呼吸が停止して発酵が始まる．植物では，アルコール発酵が普通である．ピルビン酸は，ピルビン酸デカルボキシラーゼの反応で CO_2 が除かれ，アセトアルデヒドになる（図 12.1，反応⑫）．これが，アルコールデヒドロゲナーゼにより還元されてエタノールができる（反応⑬）．植物組織で酸素が欠乏すると，アルコール発酵に先立って乳酸発酵が起こることがしばしばある．乳酸の蓄積と，液胞膜の H^+-輸送 ATP アーゼの活性低下によってサイトゾルの pH が低下すると，酸性側に最適 pH を持つピルビン酸デカルボキシラーゼが働くようになり，アルコール発酵が開始する．どちらの発酵でも，NADH が反応に必要である（反応⑬，⑭）が，これはグリセルアルデヒド 3-リン酸デヒドロゲナーゼの反応（反応⑦）で生じたものが使われる．NADH の酸化は，解糖系の進行のために必要である．

= Tea Time =

PFPの発見とその解糖系での役割

　ATPの代わりにPPiを用いてF6Pのリン酸化を行う酵素,PFPは,1974年に赤痢アメーバ(*Entamoeba histolytica*)で発見された.1979年にパイナップル葉にこの酵素があることが報告され,続いて,動物のPFKの活性化剤として1980年に発見されたF2,6BPが,植物ではPFKではなくPFPの強力な活性化剤であること,PFPは植物に一般的に存在することが分かった.従来,PPiは生じると直ちに分解されると考えられていたが,植物細胞にはPPiが検出された.PFPの生理学的役割を探る研究が世界中で行われた.例えば,ケンブリッジ大学のアプリース(Tom ap Rees)らは,アルム(サトイモ科の植物)の花(肉穂花序)成長に伴うPFKとPFPの活性変動を調べた(図12.3).アルムの花では,熱発生(サーモジェネシス)が起こる.この時期には,呼吸の急激な増加が見られるが,これは解糖系,TCA回路,シアン耐性呼吸によっている.この呼吸系は,酸化的リン酸化とカップルせず,ATP生産の代わりにエネルギーが熱として放出される.成長に伴うアルムの花のPFPとPFKの活性パターンは全く異なる.若い時期ではPFP活性が高いが,熱発生が始まる前の時期から,PFKの急激な活性増加が見られる.若い組織では生合成が活発であるが,熱発生の方向に代謝が向くとデンプンやタンパク質の分解が始まる.

　若い組織では,タンパク質,核酸,セルロースなど高分子の生合成活性が高いので,これらの合成系の副産物として生じたPPiを効率良く使うPFPが機能しているのではないかと思われる.実際,このような組織では,PPi, F2,6BPのレベルも高い.一方,生合成とはリンクしない急激な解糖系の増加の時期には,PFKの役割が大きいことが示唆された.これを支持する結果は,発芽中の種子でも見られている.若い胚軸の組織ではPFP活性が高いが,貯蔵器官(マメ科植物の子葉など)ではPFK活性が高い.PFPの生理的役割についてもっと直接的に検討するために,

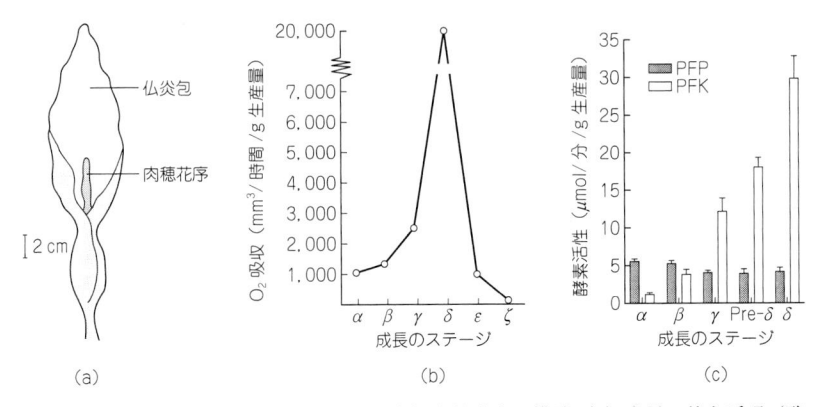

図12.3　アルム(*Arum maculatum*)の(a)肉穂花序の構造,(b)成長に伴う呼吸(酸素吸収)の変化(Duffus and Duffus, 1984を改図),(c) PFKとPFP活性の変動(ap Rees *et al.*, 1985のデータに基づき作図)

アンチセンス法でPFP活性を低下させた形質転換植物を使って，PFPの機能を調べるという試みも行われた．PFP活性がもとの植物の3%にまで抑えられたジャガイモの形質転換植物では，ヘキソースリン酸の増加とトリオースリン酸の減少が見られたので，PFPのステップの反応が抑えられていることは確かめられたが，形質転換植物の解糖系や呼吸活性，成長や分化は野生型と変わらなかった．PFPの機能はまだ明確には明らかにされていない．

(芦原　坦)

# 第 13 講

ペントースリン酸経路

キーワード：グルコース　グルコース 6-リン酸デヒドロゲナーゼ　NADPH
還元力の提供　ペントースリン酸　生合成の素材の提供

　植物には，解糖系のほかに酸化的ペントースリン酸（PP）経路（oxidative pentose phosphate pathway）があり，G6P から炭素数の異なるさまざまな糖リン酸化合物をつくる．カルビン・ベンソン回路は，NADPH をつかい糖リン酸の還元が行われるため，還元的ペントースリン酸経路と呼ばれることがあるが（第 7 講），PP 経路では $NADP^+$ がつかわれ，糖の酸化が起こるので，酸化的ペントースリン酸経路と呼び区別されることもある．歴史的には，ヘキソースリン酸側路，ワールブルク・ディケンズ経路という名称もあったが，最近は使われない．PP 経路は，種々の生合成のための基質を提供するほか，生成される NADPH は代謝や酸化ストレスを防ぐための還元力を供給する．

PP 経路の反応

　PP 経路は，NADPH を生じる不可逆的な酸化的過程と，平衡状態にある非酸化的過程に分けられる（図 13.1）．G6P の酸化が $NADP^+$ 依存 G6P デヒドロゲナーゼ（G6PDH）により触媒され，グルコノ δ-ラクトン 6-リン酸ができる（反応①）．このラクトンは，6-ホスホグルコン酸（6PG）に非酵素的にも変換されるが，細胞にはラクトナーゼもあり，この反応を促進する（反応②）．6PG は，$NADP^+$ 依存 6PG デヒドロゲナーゼ（6PGDH）により，ペントースであるリブロース 5-リン酸（Ru5P）と CO_2 になる（反応③）．Ru5P は，リボースリン酸イソメラーゼにより，異性体のリボース 5-リン酸（R5P）になり（反応④），リブロースリン酸 3-エピメラーゼにより，キシロース 5-リン酸になる（反応⑤）．この後の反応は，トランスケトラーゼ（反応⑥）とトランスアルドラーゼ（反応⑦）であり，C_3, C_4, C_5, C_6, C_7 の糖リン酸がつくられる．図 13.1 では PP 経路がサイクルとして描かれているが，実際には，PP 経路で生じた F6P とトリオースリン酸は解糖系に流入する場合が多い．カルビン・ベンソン回路のようなサイクルとしての機能はほとんど持っていないことに注意してほしい．G6PDH と 6PGDH は，プラスチドとサイトゾル

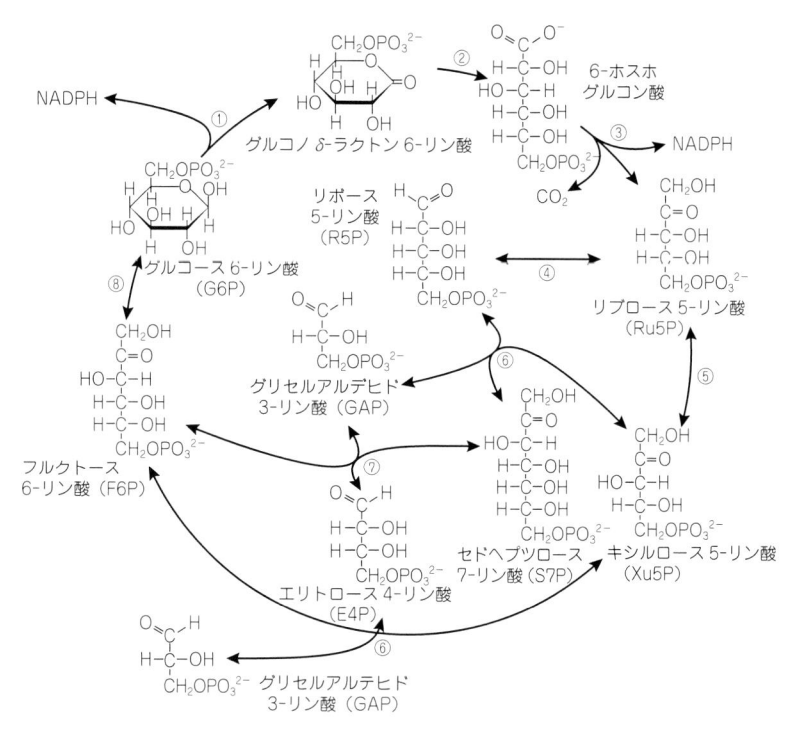

図 13.1 植物のペントースリン酸経路（Kruger and von Schaewen, 2003 を改変）
① G6P デヒドロゲナーゼ（G6PDH），② 6-ホスホグルコノラクトナーゼ，③ 6-ホスホグルコン酸デヒドロゲナーゼ（6PGDH），④ リブロース 5-リン酸イソメラーゼ，⑤ リブロース 5-リン酸エピメラーゼ，⑥ トランスケトラーゼ，⑦ トランスアルドラーゼ，⑧ ホスホグルコースイソメラーゼ．

に性質の異なるイソ酵素がある．リボースリン酸イソメラーゼとリブロースリン酸3-エピメラーゼも，プラスチド輸送シグナルの配列がある遺伝子とない遺伝子が報告されている．一方，トランスケトラーゼ，トランスアルドラーゼは，プラスチドへの輸送シグナルを持つものしかシロイヌナズナのデータベースには載っていない．PP経路のトランスケトラーゼ，トランスアルドラーゼ反応がサイトゾルで起こらないとすると，図13.2に示したような反応が起こっているのかもしれない．現在，プラスチド膜には3種の輸送体，すなわち，G6P/Pi 輸送体（GPT），キシロース 5-リン酸，トリオースリン酸/Pi 輸送体（XPT），PEP/Pi 輸送体（PPT）が知られており，これらによって，サイトゾルとプラスチドの間で PP 経路の中間産物の輸送が起こる．

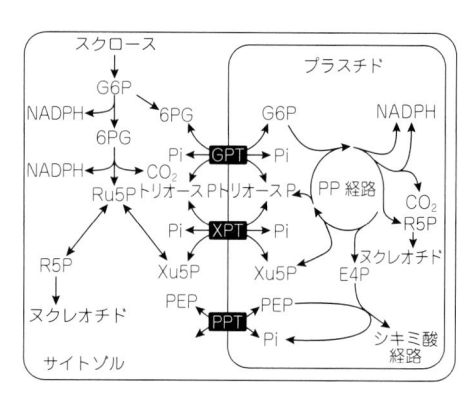

図 13.2 葉緑体リン酸輸送体による，サイトゾルと葉緑体間でのペントースリン酸経路中間体の相互輸送（Kruger and von Schaewen, 2003 を改変）

PP 経路活性の調節機構

　PP 経路の G6PDH と 6PGDH の反応は，NADPH により強く阻害される．従って，細胞内の NADPH/NADP$^+$ 比が，G6P が PP 経路によって代謝されるか，解糖系によって代謝されるかを決める要因になっているらしい．植物組織に，NADPH を使って還元されると思われる亜硝酸イオンやメチレンブルーのような人工の酸化剤を投与すると，グルコースが PP 経路を通る割合が増加するという報告がある．PP 経路の活性は，その細胞や組織がどのくらい還元力（NADPH）を消費するかによって制御されている．プラスチド型の G6PDH は，カルビン・ベンソン回路の酵素と同様に，酸化型（SS 型）と還元型（SH 型）がある（第 5 講）．光合成の酵素とは逆に，酸化型が活性型である．光照射下で光合成により多量の NADPH ができているときは，G6PDH による NADPH 生産は不要のため，この酵素の不活性化が起こるものと思われる．

PP 経路の役割

　PP 経路の役割の 1 つは，細胞内で還元力としてつかわれる NADPH の生産である．植物の代謝には，NADPH をつかう反応がたくさんある．これらには，光合成の光化学反応で生じる NADPH をつかう場合もあるが，非光合成器官，例えば根における亜硝酸の同化や脂肪酸の生合成には，PP 経路でつくられた NADPH が主につかわれる．NADPH は酸化ストレスで生じた活性酸素（ROS）の消去にも役立つ．G6PDH と 6PGDH により生成される NADPH を用いて，グルタチオンペルオキシダーゼとグルタチオン還元酵素は，過酸化水素（H_2O_2）を消去することができる．ROS の生産に NADP$^+$ がつかわれるので，NADPH/NADP$^+$ 比は細胞内の ROS レベルに影響を与える．サイトゾルで NADPH を生産する反応は，PP 経路以外にもある．例えば，NADP 依存リンゴ酸酵素がリンゴ酸をピルビン酸に変換する際にも，NADPH ができる．

　PP 経路のもう 1 つの役割は，生合成のための素材の提供である．PP 経路の中間産物である R5P は，5-ホスホリボシル 1-ピロリン酸（PRPP）に変換されてヌクレオチドの合成につかわれる．核酸の糖部分はすべて PRPP に由来する．E4P は，解糖系の中間産物 PEP と縮合し，7-ホスホ-2-デヒドロ-3-デオキシアラビノヘプトン酸になり，シキミ酸経路に導入される．この経路は，第 26 講で述べるように，芳香族アミノ酸の生合成経路である．これらはタンパク質合成につかわれるほか，多くのフェノール性化合物の生合成につかわれる．R5P や E4P の生成は，必ずしも PP 経路の酸化的過程を経由して行われるわけではない．F6P と GAP から非酸化的過程でつくられる場合もある（図 13.2）．

================ **Tea Time** ================

解糖系とPP経路の相対活性の測定（C6/C1比）

植物組織で，グルコースが解糖系を経由して代謝されるか，あるいはPP経路を通って代謝されるかを調べる方法に，C6/C1比の測定がある．グルコースの1位のCを放射性の^{14}Cで置換した[1-^{14}C]グルコースと，6位のCを^{14}Cで標識した[6-^{14}C]グルコースを組織に投与し，放出される$^{14}CO_2$の放射能を比較する．もしグルコースがPP経路を経由すると，6-ホスホグルコン酸デヒドロゲナーゼの反応で，1位のCがCO_2として放出される．6位のCは，糖リン酸に取り込まれる．一方，グルコースが解糖系に入った場合は，アルドラーゼの反応でC3化合物になり，トリオースリン酸イソメラーゼで平衡化されると，グルコースのC1とC6は共にグリセルアルデヒド3-リン酸のC3となり，その後，同じ代謝的運命をたどる．多くはTCA回路に入ってCO_2となり，放出される．理論的には，すべてのグルコースがPP経路を経由して代謝された場合は，少なくとも代謝の初期には，CO_2は[1-^{14}C]グルコースからのみ放出されるのに対して，解糖系とTCA回路のみで代謝されたとすると，[1-^{14}C]グルコースからも[6-^{14}C]グルコースからも等量のCO_2が放出されることになる．それぞれのグルコースから$^{14}CO_2$として放出された比をとると，前者の場合，C6/C1比は0となり，後者の場合は1になる．植物組織で測定すると，0〜1の範囲の値が得られるが，この値が小さいほどPP経路の関与度が高いことになる．図13.3にイネとオオムギの根で測定されたC6/C1比のデータを示した．これらの根のC6/C1比は0.5〜0.6であるが，根を亜硝酸塩で処理すると0.23〜0.36に低下し，この低下は[1-^{14}C]グルコースからの$^{14}CO_2$放出の増加によっているので，亜硝酸イオンはPP経路活性を促進させていることが明らかになった．これは，亜

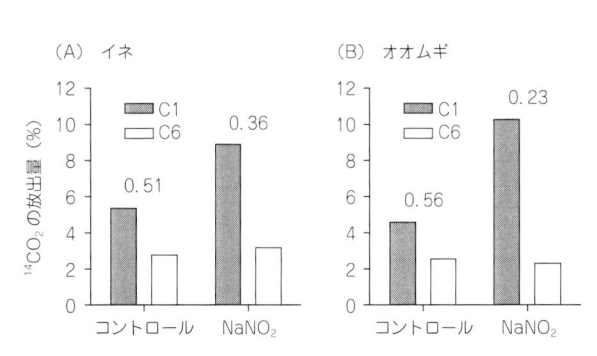

図13.3 イネとオオムギの根のC6/C1比に及ぼすNaNO$_2$の影響
棒グラフは，$^{14}CO_2$の放出量を，組織に取り込まれた全放射能に対する%で示したもの．数字は，C6/C1比．（王子ほか，1985のデータに基づき作図）

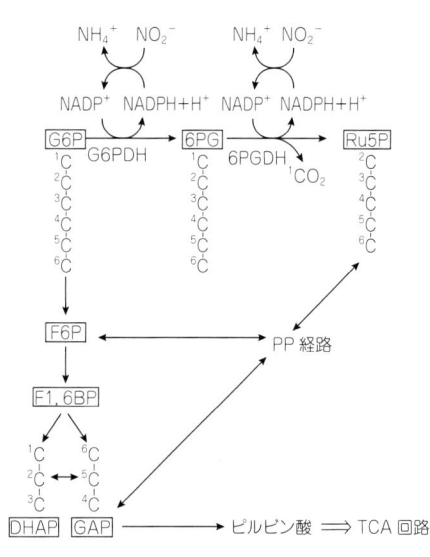

図13.4 ペントースリン酸経路と亜硝酸還元との関連

硝酸の還元に PP 経路由来の NADPH が多量につかわれ，$NADP^+$ となり，グルコース 6-リン酸デヒドロゲナーゼや 6-ホスホグルコン酸デヒドロゲナーゼの活性化が起こったためと解釈できる（図 13.4）．C6/C1 比は，継時的に増大していく．これは，グルコースがいろいろな代謝に使われてしまうためである．また糖新生系活性が強い組織ではトリオースがヘキソースに戻ってしまい，標識のランダム化が起こってしまうので問題がある．

（芦原　坦）

第14講

TCA回路

キーワード：ミトコンドリア　有機酸　NADH　$FADH_2$　還元力の提供　ATP　電子伝達系

　解糖系やPP経路を経由して生産されたピルビン酸は，ミトコンドリアで酸化され，還元型の補酵素，NADHと$FADH_2$が生産される．これらの還元力は，電子伝達系でATPの生産につかわれる．また，基質レベルでのATPの生産もある．これらの反応は循環しており，トリカルボン酸（TCA）回路，あるいは，クエン酸回路，クレブス回路と呼ばれている．

一般的なTCA回路の反応

　最初にピルビン酸がTCA回路に導入され，代謝される8つの反応について解説する（図14.1）．ピルビン酸がミトコンドリアに輸送されると，ピルビン酸デヒドロゲナーゼ複合体（ピルビン酸デヒドロゲナーゼ，ジヒドロリポ酸デヒドロゲナーゼ，ジヒドロリポ酸アセチラーゼから構成されている）による複雑な反応で，ピルビン酸はCO_2を放出してC_2化合物であるアセチルCoAになる．この際にNADHができる（反応①）．アセチルCoAは，クエン酸シンターゼによりC_4化合物のオキサロ酢酸（OAA）と縮合して，C_6化合物であるクエン酸ができる（反応②）．クエン酸はアコニターゼにより異性化されて，イソクエン酸ができる（反応③）．イソクエン酸は，イソクエン酸デヒドロゲナーゼにより脱炭酸され，C_5化合物の2-オキソグルタル酸（2OG）ができる．NAD^+が還元され，NADHが生成する（反応④）．2OGは，ピルビン酸デヒドロゲナーゼ複合体と類似した2-オキソグルタル酸デヒドロゲナーゼ複合体により，CO_2を放出してC_4化合物であるスクシニルCoAになる．この際にNADHができる（反応⑤）．スクシニルCoAは，スクシニルCoAシンターゼによりコハク酸に変換されるが，この反応でATPが生成する（反応⑥）．動物の酵素はGDPを基質としてつかうが，植物の酵素はADPに特異的である．コハク酸は，コハク酸デヒドロゲナーゼによりフマル酸に変換される．この酵素は，ほかのTCA回路の酵素と異なりミトコンドリア膜に結合している．この反応で，FADが$FADH_2$に還元される（反応⑦）．次いでフマル酸は，フマラーゼ

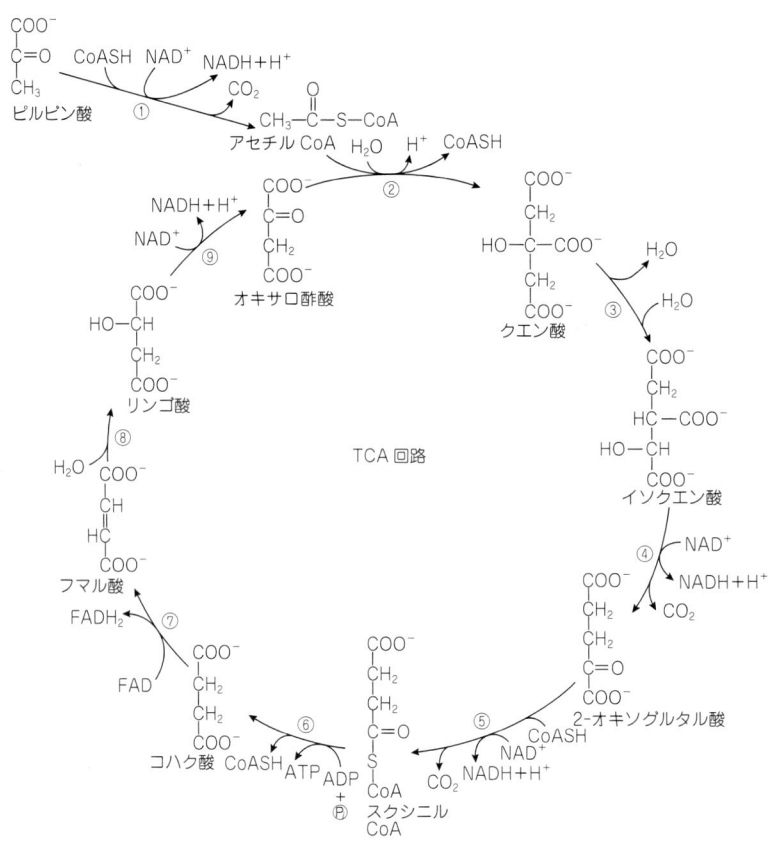

図 14.1　植物の TCA 回路
① ピルビン酸デヒドロゲナーゼ複合体，② クエン酸シンターゼ，③ アコニターゼ，④ イソクエン酸デヒドロゲナーゼ，⑤ 2-オキソグルタル酸デヒドロゲナーゼ複合体，⑥ スクシニル CoA シンターゼ，⑦ コハク酸デヒドロゲナーゼ，⑧ フマラーゼ，⑨ NAD-リンゴ酸デヒドロゲナーゼ．
③の反応では，中間体としてシスアコニット酸が生じる．

によりリンゴ酸になる（反応⑧）．リンゴ酸は，NAD 依存リンゴ酸デヒドロゲナーゼにより OAA になるが，この反応で NADH ができる（反応⑨）．ピルビン酸1分子がピルビン酸デヒドロゲナーゼ複合体でアセチル CoA になり，TCA 回路で酸化されると，CO_2 が3分子，NADH が4分子，ATP と $FADH_2$ がそれぞれ1分子ずつできることになる．NADH と $FADH_2$ はミトコンドリアの電子伝達系で酸化され，このとき ATP が生成される．電子伝達系での ATP 生成の効率については諸説あるが，単純に1分子の NADH から3分子，$FADH_2$ から2分子の ATP がつくられると計算すると，ピルビン酸1分子から 14 分子の ATP が電子伝達系でつくられ，TCA 回路でつくられる1分子と合わせると，計 15 分子の ATP が生成されることになる．

NADH と $FADH_2$

TCA 回路の生成物として重要な物質は，NADH と $FADH_2$ である．NADH に

ついては，すでに第1講で述べた．NAD$^+$（酸化型）のニコチンアミド部位は，2電子と1つのプロトン（H$^+$）を受け取り，NADH（還元型）となる．一方，コハク酸デヒドロゲナーゼの補欠分子族として働くFADは，フラビン補酵素の1つであるフラビンアデニンジヌクレオチドである（図14.2）．イソアロキサジン環を持つフラビンモノヌクレオチドにAMPが結合した構造を持つ．酸化型は，電子とプロトンを1つずつ受け取り，セミキノン型になった後，連続した反応が起こり，還元型FADH$_2$ができる．NADHとFADH$_2$は，ミトコンドリア内膜の電子伝達系で酸化され，ADPとPiからATPが生成される．

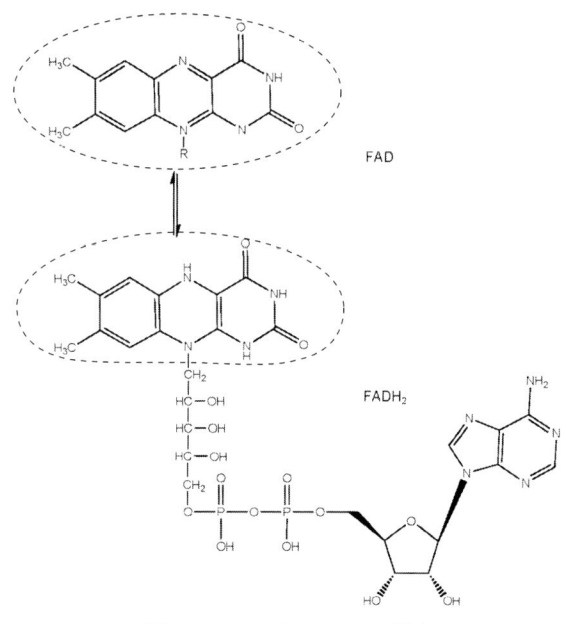

図14.2 FADとFADH$_2$の構造
FADの酸化型は，フラビン部分のみを示す．

TCA回路の基質

植物では，デンプンやスクロースなどの糖質は，解糖系やPP経路で代謝され，ピルビン酸やリンゴ酸の形でTCA回路に導入される．ミトコンドリアの膜には，ピルビン酸やリンゴ酸の輸送体がある．リンゴ酸の場合は，そのままTCA回路に取り込まれる場合のほか，ミトコンドリア内のNAD$^+$依存リンゴ酸酵素によりピルビン酸に変換された後に，アセチルCoAを経てTCA回路に入る場合もある（第12講）．アミノ酸がTCA回路の基質としてつかわれる場合もある．例えば，タンパク質貯蔵種子などでは，発芽時にタンパク質の分解で生じたグルタミンやグルタミン酸は，2-オキソグルタル酸（2OG）になり，TCA回路に導入される．

TCA回路の役割

TCA回路には，異化反応によりNADHやFADH$_2$を生成する役割があることはすでに述べた．これ以外に，TCA回路の中間産物として生じる有機酸が，アミノ酸合成の基質としてつかわれる．これらの生合成の素材の提供という役割は大きい．また，タンパク質，脂肪酸をアミノ酸やアセチルCoAなどの形でTCA回路に取り込み，糖新生系など別の物質の合成系の素材提供をする場合もある（第19講）．

= Tea Time =

TCA回路の発見

　TCA回路が発表されたのは，当時，英国のシェフィールド大学にいたクレブス（Hans A. Krebs）とジョンソン（William A. Johnson）の「動物組織の中間代謝におけるクエン酸の役割」という論文である．クレブスはユダヤ人であったので，ナチスによって職を奪われるのを避けて，故国のドイツから北イングランドにあるこの大学に亡命していた．そこで，大学院生のジョンソンに，動物組織の切片とマノメーターを用いて，種々の有機酸と酸素吸収の関係を調べさせた．彼が出したデータを基にして，TCA回路が発案されたのである．最終的に確定されたTCA回路では，オキサロ酢酸にアセチルCoAが縮合してクエン酸になり，回路が終結する．また，サクシニルCoAが中間産物として含まれるが，このような反応はクレブスの発表した回路には入っておらず，ほかの研究者により，後に修正されたものである．クレブスは，TCA回路の発見前にも，アンモニアを尿素にする際に働くオルニチン回路をすでに報告していた．このように，代謝には回路として働くものがあることを示した点で，クレブスの研究は評価されている．先に述べたTCA回路の論文は，Nature誌に最初に投稿されたが，すでに多くの優れた論文が集まっているのでこれを載せるスペースがないという理由で断られ，Enzymologia誌で発表されたという経緯がある．この論文は共著者のジョンソンの学位論文となったが，ジョンソン自身はこの論文がノーベル賞に値する内容だとは当時まったく考えていなかったそうで，後に，クレブスがこの仕事でノーベル賞をもらったと聞いてびっくりしたと回想している．この論文の意義は，Natureの編集者でさえその重要性を見抜けなかったわけで，実験をした院生が，自分の仕事がそんなに重大な発見だったのかを理解できなかったのも分かるような気がする．クレブスのいたシェフィールド大学には，現在，クレブス研究所があり，機能生物学に関する研究が行われている（図14.3）．シェフィールドは産業革命の際に栄えた工業都市であるが，大学の近くにはこぢんまりした植物園（図14.3b）が，また近郊には，美しいピーク・ディストリクト国立公園があり，クレブスも気に入っていたらしい．

　なお，興味のある読者は，クレブスの自伝（Krebs, 1981），ジョンソンに関する解説（Wainwright, 1993）を参照されたい．

(a) シェフィールド大学旧生化学教室　　(b) 植物園

図14.3　シェフィールド大学と植物園（2005年，芦原撮影）

（芦原　坦）

第15講

脂肪酸合成

キーワード：飽和脂肪酸　　不飽和脂肪酸　　脂肪酸合成酵素

　脂肪酸は植物の中で遊離の状態ではなく，グリセロ脂質や油脂などの構成成分として存在する．植物の中に含まれる脂肪酸の多くは，炭素数が偶数であり，不飽和脂肪酸である．脂肪酸合成は複雑な過程であり，炭素鎖を2個ずつ付加するサイクルとなっている．脂肪酸合成の場は葉緑体のストロマである．

脂　肪　酸

　植物に含まれる脂肪酸の多くは，偶数の炭素原子を持つ直鎖脂肪酸である．飽和脂肪酸よりも不飽和脂肪酸の割合が高い場合が多い．また，不飽和脂肪酸に存在する不飽和結合のほとんどはシス型の二重結合である．構成する炭素原子の数は，高等植物では16個あるいは18個の脂肪酸が多いが，藻類には20個あるいは22個の脂肪酸も存在する．脂肪酸を表記するときは，構成する炭素原子の数と不飽和結合の数を用いて表記する．例えば，α-リノレン酸は18個の炭素原子から構成され，3個の二重結合を持つため，18：3と表すことができる．しかし，この表記では二重結合の位置に関する情報がなく，γ-リノレン酸と区別することができない．そのため，α-リノレン酸を二重結合の位置を明確にして，18：3（9, 12, 15）または18：3（n-3）と表記する．（9, 12, 15）は，カルボキシル基から数えて9番目，12番目，15番目の炭素原子に二重結合が存在するという意味である．18：3（9, 12, 15）を$18:3^{\Delta 9, 12, 15}$と書く場合もある．n-3（ω3と書く場合もある）とは，メチル基から数えて3番目の炭素原子に最初の二重結合が存在するという意味である．脂肪酸の二重結合は，炭素原子3個おきに存在するので，n-3で二重結合の数が3個であれば，メチル基から数えて3番目，6番目，9番目に二重結合が存在することを示す．

アセチル CoA とマロニル CoA の合成

　脂肪酸合成にはアセチルCoAとマロニルCoAが必要である．アセチルCoAは葉緑体包膜を通過することができないため，葉緑体の中で合成する必要がある．ピルビン酸からピルビン酸デヒドロゲナーゼによって合成される場合と，酢酸からア

図 15.1 ピルビン酸デヒドロゲナーゼ (1) と
アセチル CoA シンターゼ (2) の反応

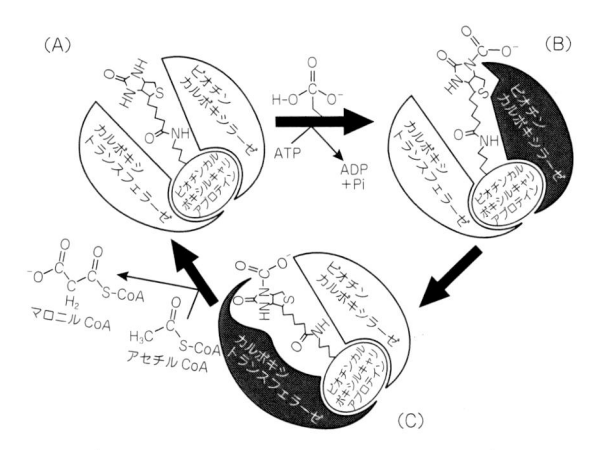

図 15.2 アセチル CoA カルボキシラーゼの反応（Ohlrogge and Browse, 1995 を改変）
アセチル CoA カルボキシラーゼの中央部分のビオチンカルボキシキャリアプロテインにはビオチンが結合している(A)．ビオチンカルボキシラーゼが，ATP のエネルギーを用いて HCO_3^- を活性化してビオチン環の窒素に結合させる（B）．カルボキシトランスフェラーゼ（α と β の 2 つのサブユニットからなる）によって，ビオチンに結合したカルボキシル基（C）はアセチル CoA に転移され，マロニル CoA が生成する．

セチル CoA シンターゼによって合成される場合があると考えられている（図 15.1）．マロニル CoA は，アセチル CoA からアセチル CoA カルボキシラーゼによって合成される．葉緑体のアセチル CoA カルボキシラーゼはビオチンカルボキシラーゼ（BC），ビオチンカルボキシキャリアタンパク質（BCCP），α-カルボキシトランスフェラーゼ（α-CT），β-カルボキシトランスフェラーゼ（β-CT）の 4 つのサブユニットからなる．アセチル CoA カルボキシラーゼはサイトゾルにも存在するが，この酵素は 4 つのドメインが単一のポリペプチド上に存在し，ホモ二量体として機能する．しかし，イネ科植物の葉緑体に存在するアセチル CoA カルボキシラーゼは例外で，単一のポリペプチドからなるホモ二量体である．アセチル CoA カルボキシラーゼの反応の模式図を図 15.2 に示す．アセチル CoA カルボキシラーゼは光によって活性化され，脂肪酸合成速度を調節している．

飽和脂肪酸の合成

動物や酵母の脂肪酸合成酵素は，1 つのポリペプチド上に存在する多機能酵素である（I 型）．それに対して，植物や大腸菌の脂肪酸合成酵素は，それぞれの酵素が独立したポリペプチドとして機能する（II 型）．脂肪酸の合成は，アシルキャリアプロテイン（ACP）という低分子タンパク質にアシル基が結合した状態で反応が進行する．ACP は CoA と同じ 5′-ホスホパンテテイン構造を持ち，CoA と同じように脂肪酸とチオエステル結合することができる．

図 15.3 に脂肪酸合成経路を示す．アセチル CoA は，前述のアセチル CoA カルボキシラーゼによりマロニル CoA となる（反応①）．マロニル CoA は，マロニル

CoA：ACPトランスアシラーゼによりマロニル-ACPとなる（反応②）．アセチルCoA（C_2）とマロニル-ACP（C_3）は3-ケトアシル-ACPシンターゼ（KAS，縮合酵素）により縮合し，脱炭酸されて3-ケトブチリル-ACPとなる（反応③-1）．その後，3-ケトアシル-ACPレダクターゼにより還元（反応④），3-ヒドロキシアシル-ACPデヒドロゲナーゼにより脱水（反応⑤），2,3-*trans*-エノイル-ACPレダクターゼ（反応⑥）により還元され，ブチリル-ACP（C_4）となる．還元力となるNADPHは光合成反応により供給される．

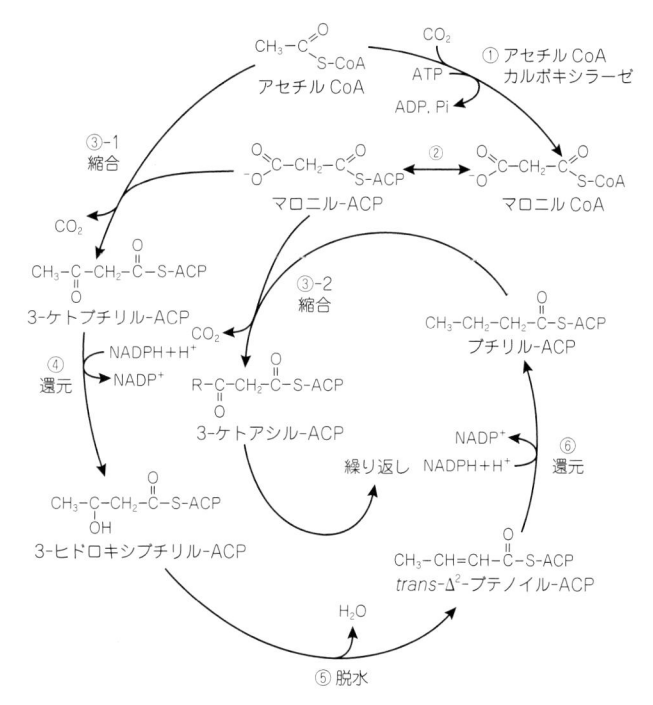

図15.3 脂肪酸合成経路（Ohlrogge and Browse, 1995を改変）

ブチリル-ACPは再びマロニル-ACPと縮合し（反応③-2），同じ一連の反応により，$C_4 \to C_6 \to C_8 \to \to \to C_{16}$ となる．C_{16} のパルミトイル-ACPはさらに炭素が2個付加され，ステアロイル-ACPとなる．このような，炭素原子が2個ずつ伸長する脂肪酸合成経路で働く酵素は，3-ケトアシル-ACPシンターゼ（KAS）以外はすべて共通である．3-ケトアシル-ACPシンターゼには3種類あり，KASⅢがアセチルCoAとマロニル-ACPの縮合を，KASⅠがC_6からC_{16}までの脂肪酸合成の際の縮合を，KASⅡがC_{16}からC_{18}の縮合に関与している．

脂肪酸の不飽和化

脂肪酸の不飽和化は，デサチュラーゼと呼ばれる酵素によって行われる．デサチュラーゼにはたくさんの種類があり，不飽和化する位置が決まっている．脂肪酸合成経路の最終産物はステアロイル-ACP（C_{18}）である．ステアロイル-ACPはストロマに存在する可溶性のステアロイル-ACPデサチュラーゼにより，Δ9の位置に二重結合が入り，オレオイル-ACP（18：1-ACP）となる．しかし，その他のほとんどのデサチュラーゼは膜結合性の酵素であり，脂質に結合しているアシル基を不飽和化する．

Tea Time

脂肪酸から合成される植物ホルモン

ジャスモン酸は，ジャスミンの花の香気成分として 1962 年に発見された物質である．当時は香りのもとになる化合物として同定されたが，1971 年になって，植物病原菌 *Lasiodiploidia theobromae* の培養液由来の植物の成長阻害物質がジャスモン酸であることが報告された．その後，1980 年に上田らによって，ニガヨモギに含まれる植物老化促進作用を持つ物質がジャスモン酸メチルであることが明らかにされた．さらに，1981 年に山根らは，種子から単離したジャスモン酸が植物の成長阻害作用を示すことを報告した．

現在では，ジャスモン酸はそのメチルエステルであるジャスモン酸メチルと共にストレス応答，老化，形態形成等に関与する植物ホルモンであることが明らかになっている．このようなジャスモン酸の前駆体は脂肪酸である α-リノレン酸である．α-リノレン酸を持たない変異体からはジャスモン酸は検出されていない．α-リノレン酸は，第 16 講で述べるように葉緑体の膜脂質に結合している．リパーゼによって脂質分子から切り出された α-リノレン酸は，図 15.4 に示す生合成モデルによってジャスモン酸にまで変換されると推測されている．この経路の α-リノレン酸から OPDA までの反応は，葉緑体で進行する．合成酵素の細胞内局在の解析などから，OPDA はペルオキシソームへ輸送され，ペルオキシソームでジャスモン酸が合成されると考えられている．しかし，OPDA がペルオキシソームへ輸送される証拠は得られていない．

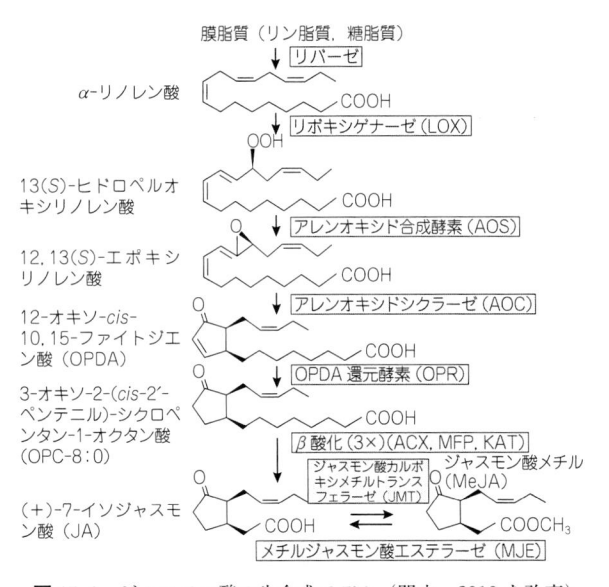

図 15.4 ジャスモン酸の生合成モデル（関本，2010 を改変）

（加藤美砂子）

第16講

グリセロ脂質の合成

キーワード：極性脂質　　中性脂質　　葉緑体　　小胞体　　真核経路　　原核経路

広義の脂質（lipid）とは，非水性溶媒に選択的に可溶な，多様な構造を持つ分子を指す．本講では，その中でもグリセロール骨格を持つグリセロ脂質に焦点を当てる．グリセロ脂質は，極性脂質（polar lipid）として，生体膜の構成成分として機能する．また，中性脂質（neutral lipid）として，細胞内の貯蔵脂質の重要な位置を占める．

グリセロ脂質の構造

グリセロ脂質は，グリセロール骨格に脂肪酸が結合した脂質の総称である．グ

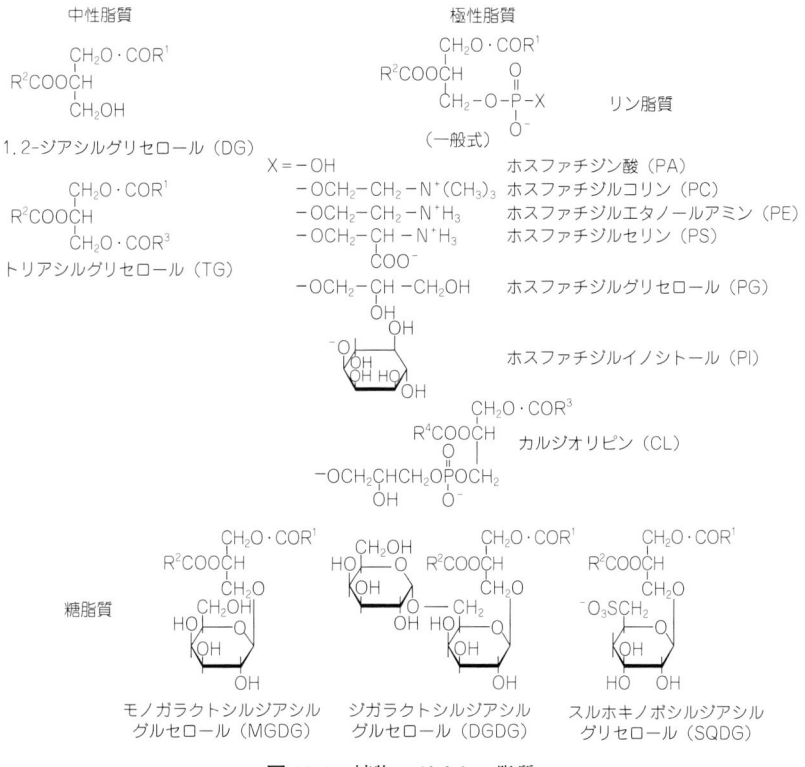

図16.1 植物のグリセロ脂質

リセロール分子内には3個の炭素原子が存在するが，これらを区別するためにsn (stereospecifically numbered system)-1, sn-2, sn-3という表記を用いる．この表記は，グリセロールの中央の炭素原子に結合した酸素原子を左の手前に，残りの2個の炭素原子をそれぞれ上下の後ろ側に立体配置したときの，グリセロールの炭素原子を示す．グリセロ脂質のうち，sn-3位に分子内の電荷分布が不均一な極性基が存在し，sn-1位とsn-2位にアシル基が存在するものを極性脂質と呼ぶ．それに対して，分子内に極性基を持たず，アシル基しか存在しない脂質を中性脂質と呼ぶ．図16.1に植物のグリセロ脂質の構造を示す．中性脂質は，通常はグリセロールに3個の脂肪酸がエステル結合したトリアシルグリセロールであることが多いが，ジアシルグリセロールやモノアシルグリセロールも存在する．中性脂質には親水性の極性基が存在しないために水に溶けず，貯蔵脂質として蓄積するために合成される．極性脂質には，疎水的なアシル基と親水的な極性基が存在するために，アシル基を内側にした膜脂質の二重層を形づくることが可能となる．極性脂質はその極性基の違いにより，リン脂質と糖脂質とに大別される．植物に存在する主要なリン脂質は，ホスファチジルコリン（PC），ホスファチジルグリセロール（PG），ホスファチジルエタノールアミン（PE）などである．リン脂質は，動物や微生物にも存在するが，糖脂質は植物の葉緑体に局在する特有の脂質である．糖脂質は，極性基にガラクトースを持つモノガラクトシルジアシルグリセロール（MGDG）とジガラクトシルジアシルグリセロール（DGDG），スルホキノボースを持つスルホキノボシルジアシルグリセロール（SQDG）の3種類が存在する．極性脂質はsn-1位とsn-2位にはC_{16}あるいはC_{18}の脂肪酸を結合しているが，その構成脂肪酸の組成はオルガネラによって異なる．

原核経路と真核経路

脂肪酸は色素体で合成されるが，グリセロ脂質の合成は葉緑体などの色素体と小胞体で行われる．色素体の中の脂肪酸合成系でつくられた脂肪酸は，そのまま色素体で作られる脂質のアシル基となる場合（原核経路）と，色素体の外に出て小胞体で脂質のアシル基となる場合（真核経路）がある．シロイヌナズナにおけるグリセロ脂質合成の概略を図16.2に示す．色素体の中では，ホスファチジン酸からジアシルグリセロールを経由して，MGDGが合成される．2分子の

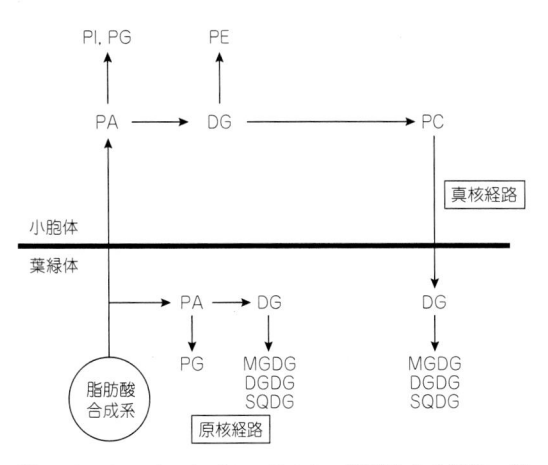

図16.2 シロイヌナズナのグリセロ脂質生合成経路の模式図（図中の略号は図16.1に示す）

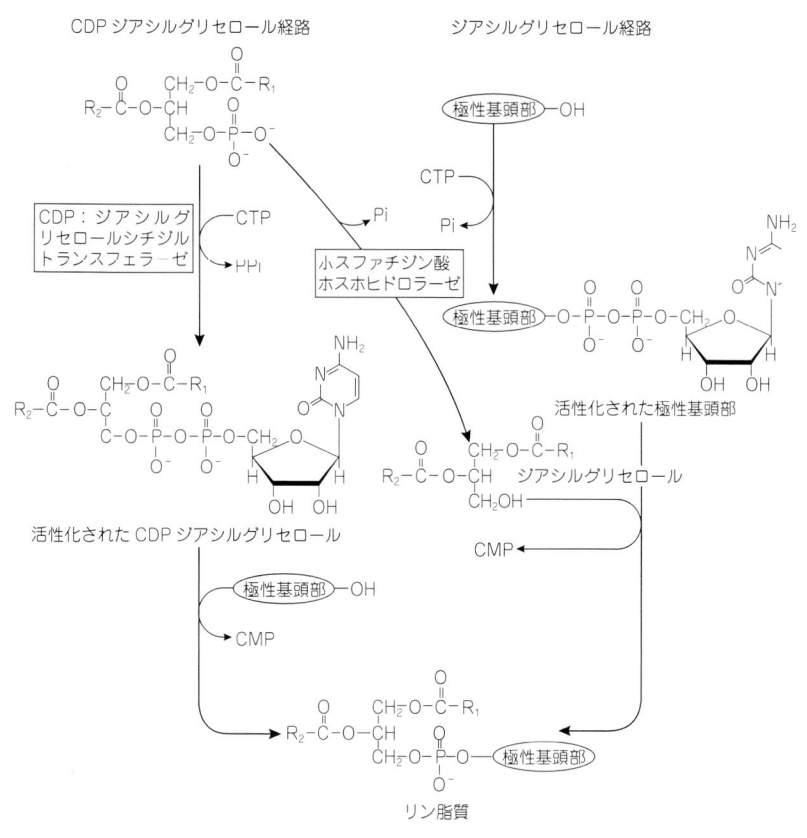

図 16.3 リン脂質生合成経路の 2 つのタイプ（Somerville *et al.*, 2000 より改変）

MGDG が反応することにより，DGDG が合成される．SQDG はジアシルグリセロールと UDP-スルホキノボースが縮合することによって合成される．リン脂質の合成は，活性化された CDP ジアシルグリセロールを経由する経路と，ジアシルグリセロールと活性化された極性基が反応する 2 つの経路がある（図 16.3）．色素体ではホスファチジン酸から CDP ジアシルグリセロールを経由して，ホスファチジルグリセロールが合成される．小胞体には，色素体でつくられた脂肪酸が 16：0-CoA や 18：1-CoA として輸送される．脂肪酸はグリセロール 3-リン酸に組み込まれてホスファチジン酸となり，その後，ジアシルグリセロールとなる．ジアシルグリセロールと CDP コリンが反応してホスファチジルコリンが合成される．ホスファチジルコリンに結合している脂肪酸である 18：1 は，ホスファチジルコリン上で 18：2 に不飽和化される．その後，18：2 を結合したホスファチジルコリンの一部は，ジアシルグリセロールに変換され，色素体に輸送される．ジアシルグリセロールと CDP エタノールアミンが反応して，ホスファチジルエタノールアミンが合成される．また，小胞体では，ホスファチジン酸から CDP-ジアシルグリセロールを経由して，ホスファチジルイノシトールとホスファチジルグリセロールが合成される．シロイヌナズナやホウレンソウなどの植物では，原核経路と真核経路が同程度に機

能している．このような植物は，色素体で16:3という脂肪酸を合成するという特徴があり，16:3植物と呼ばれることもある．その他の多くの植物では，真核経路の関与が大きく，ホスファチジルグリセロールのみが原核経路で合成される脂質であることが一般的である．真核経路の関与が大きい植物には16:3は存在せず，このような植物は16:3植物に対して18:3植物と呼ばれることがある．

トリアシルグリセロールの合成

貯蔵脂質であるトリアシルグリセロールは小胞体で合成されると考えられている（図16.4）．アシル基は色素体の脂肪酸合成系でつくられた後に，アシルCoAの形でサイトゾルを通り，小胞体に輸送される．小胞体では，グリセロール3-リン酸に sn-グリセロール3-リン酸アシルトランスフェラーゼおよびリゾホスファチジン酸アシルトランスフェラーゼによって2個のアシル基が転移され，ホスファチジン酸となる．ホスファチジン酸からホスファチジン酸ホスファターゼによってリン酸が除去され，ジアシルグリセロールが生成する．ジアシルグリセロールにジアシルグリセロールアシルトランスフェラーゼ（DGAT）によってアシルCoAのアシル基が転移されて，トリアシルグリセロールが合成される．DGATは小胞体のほかに，トリアシルグリセロールを蓄積する構造体であるオイルボディ（第17講参照）にも存在する．オイルボディは，もともと小胞体の一部が発達してつくられた構造体である．そのため，DGATがオイルボディに存在すると考えられている．このほかに，2分子のジアシルグリセロールが反応してトリアシルグリセロール

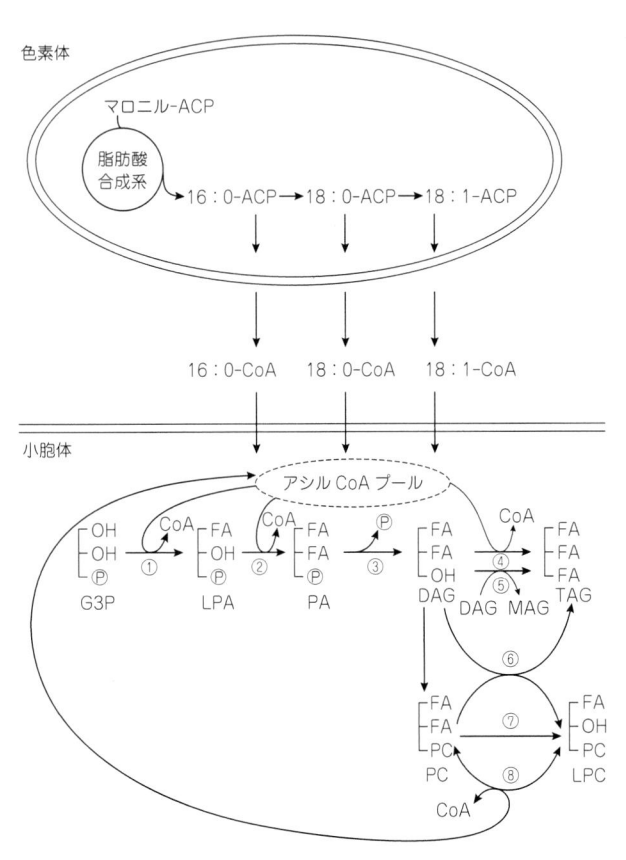

図16.4 トリアシルグリセロールの生合成
G3P：グリセロール3-リン酸，LPA：リゾホスファチジン酸，PA：ホスファチジン酸，DAG：ジアシルグリセロール，MAG：モノアシルグリセロール，TAG：トリアシルグリセロール，PC：ホスファチジルコリン，LPC：リゾホスファチジルコリン，FA：アシル基，P：リン酸．① sn-グリセロール3-リン酸アシルトランスフェラーゼ，②リゾホスファチジン酸アシルトランスフェラーゼ，③ホスファチジン酸ホスファターゼ，④ジアシルグリセロールアシルトランスフェラーゼ，⑤ジアシルグリセロールトランスアシラーゼ，⑥リン脂質：ジアシルグリセロールアシルトランスフェラーゼ，⑦ホスホリパーゼA_2，⑧リゾホスファチルコリンアシルトランスフェラーゼ．

とモノアシルグリセロールを合成する経路，ジアシルグリセロールとホスファチジルコリン酸が反応してトリアシルグリセロールとリゾホスファチジルコリン酸を合成する経路の2つが知られている．

============ Tea Time ============

ベタイン脂質

　植物の極性脂質には，リン脂質，糖脂質のほかにベタイン脂質が存在する．ベタイン脂質とは，ジアシルグリセロール部分を基本骨格に持ち，N-メチル化されたヒドロキシアミノ酸を極性基とする脂質の総称である．現在までに，DGTS（1, 2-diacylglyceryl-O-4′-(N, N, N-trimethyl) homoserine），DGTA（(1, 2-diacylglyceryl)-β-alanine），DGCC（(1, 2-diacylglyceryl)-3-O-carboxyhydroxymethylcholine）の3種類のベタイン脂質が単離されている（図16.5）．DGTSとDGTAは，ベタイン部分のカルボキシル基の位置だけが異なる構造異性体である．DGTSとDGTAはベタイン部分とグリセロール骨格がエーテル結合で結ばれているが，DGCCはアセタール結合で結ばれている．

　ベタイン脂質は，被子植物や裸子植物には存在しない．DGTSは，シダ，コケ，緑藻などに分布する．DGTAは，緑藻には含まれず，黄金色藻，ハプト藻，クリプト藻などに分布する．これに対して，DGCCはハプト藻に普遍的に存在している．また，DGCCは渦鞭毛藻やケイ藻の一部からも微量成分として検出されている．このように，3種のベタイン脂質が分布する生物種は異なっている．興味深いことに，DGTSとDGTA，DGTAとDGCCの組み合わせでは存在するが，DGTSとDGCCを共存させている生物種は報告されていない．ベタイン脂質を持つ植物は，リン脂質，特にホスファチジルコリンの含有量が極度に低いことが多い．ベタイン脂質は，リンの供給が十分ではない海洋で進化してきた藻類が，リンの節約のためにつくり出した極性脂質かもしれない．

図16.5 ベタイン脂質の構造
R, R′はアシル基を示す．

（加藤美砂子）

第17講

グリオキシル酸回路

キーワード：オイルボディ　　グリオキシソーム　　グリオキシル酸回路　　糖新生
　　　　　　β-酸化　　発芽種子

　脂質は，炭水化物やタンパク質と比較すると，エネルギー効率の高い貯蔵物質である．種子は，貯蔵物質を分解することで，発芽に必要なエネルギーを得ることができる．そのためには，種子中のオイルボディに蓄えられたトリアシルグリセロールなどの中性脂質がスクロースに変換されなければならない．また，トリアシルグリセロールが分解された結果生じた脂肪酸は，β-酸化と呼ばれる経路で分解される．β-酸化は発芽種子に特有の経路ではなく，生物に広く存在する脂肪酸の分解経路である．

オイルボディ

　油糧種子では，オイルボディ（oil body）と呼ばれる構造体にトリアシルグリセロールを蓄積する．オイルボディは1層のリン脂質によって囲まれた，直径0.5～2.0 μmの油滴である．オイルボディには，オレオシン（oleosin），カレオシン（caleosin），ステロレオシン（steroleosin）という，植物に特異的な3種の膜タンパク質が存在する．図17.1に種子のオイルボディの模式図を示す．このうち最も多く存在するタンパク質がオレオシンである．オレオシンは，中央部分は疎水性であり，両端は親水性である．この疎水性ドメインは異なる植物種間でもよく保存されていて，2つの逆並行β構造をつくっている．疎水性ドメインがトリアシルグリセロールの中に入り込み，オイルボディを形成すると考えられる．オレオシンは，種子と花粉のオイルボディにのみ存在する．種子と花粉のオレオシンの分子質量はそれぞれ15～30 kDa，10～50 kDaである．花粉のオレオシンには，種子のオレオシンには存在しな

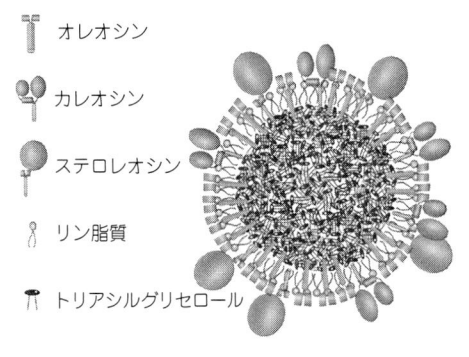

図17.1 種子のオイルボディの構造（Shimada and Hara-Nishimura, 2010を改変）

いグリシンが多いドメインがある．オレオシンはオイルボディを安定化するとともに，オイルボディの大きさを制御する役割を持つと考えられている．例えば，果実のオイルボディにはオレオシンは存在せず，アボカドの果実のオイルボディは直径 20 μm にも達する．また，オレオシンが合成されないシロイヌナズナの変異体の解析から，オレオシンが存在しないとオイルボディが大きくなることが示されている．オイルボディを適切な大きさに保つことは，発芽の際にオイルボディを迅速に崩壊させ，トリアシルグリセロールを分解してエネルギーを得るために重要だと考えられる．

トリアシルグリセロールの分解

オイルボディに蓄えられているトリアシルグリセロールは，発芽時にリパーゼによってグリセリンと脂肪酸に加水分解される（図17.2）．グリセリンはサイトゾルでグリセロールキナーゼによってグリセロール 3-リン酸となり，解糖系に入った後にスクロースに変換される．スクロース合成に関しては，すでに第10講で解説した．脂肪酸はグリオキシソームの膜に存在する ABC（ATP-binding cassette）トランスポーターにより，グリオキシソームの中に輸送される．

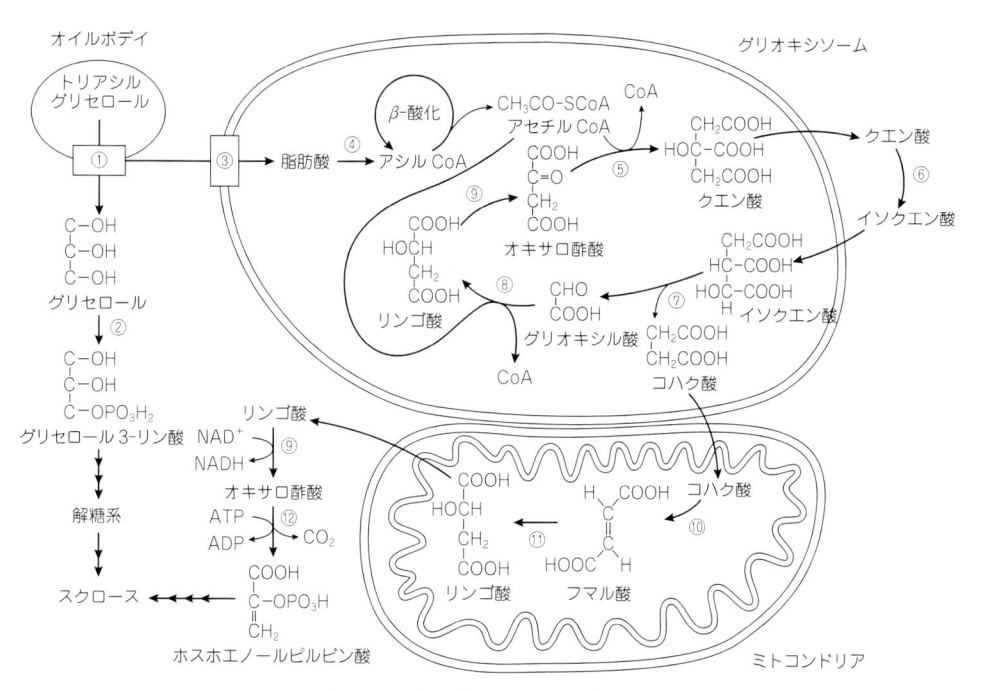

図17.2 発芽種子に見られる糖新生
① リパーゼ，② グリセロールキナーゼ，③ ABC トランスポーター，④ アシル CoA シンテターゼ，⑤ クエン酸シンターゼ，⑥ アコニターゼ，⑦ イソクエン酸リアーゼ，⑧ リンゴ酸シンターゼ，⑨ リンゴ酸デヒドロゲナーゼ，⑩ コハク酸デヒドロゲナーゼ，⑪ フマル酸ヒドラターゼ，⑫ ホスホエノールピルビン酸カルボキシキナーゼ．

β - 酸 化

　発芽種子では，脂肪酸はグリオキシソームの中でβ-酸化によって分解される（図17.3）．β-酸化はグリオキシソームだけではなく，葉のペルオキシソームでも行われている．脂肪酸はアシルCoAシンテターゼによってアシルCoAに変換される．アシルCoAは4段階の反応により，炭素鎖が2つ短いアシルCoAとアセチルCoAになる．生成したアセチルCoAは，グリオキシル酸回路に入る．β-酸化の最初の反応であるアシルCoAオキシダーゼによる酸化反応によって，過酸化水素が生成する．過酸化水素はカタラーゼによって酸素と水に分解される．β-酸化は，アシルCoAがすべてアセチルCoAに分解されるまで反応が繰り返される．

グリオキシル酸回路

　図17.2中に脂質から糖への変換経路（糖新生）であるグリオキシル酸回路を示す．β-酸化で生じたアセチルCoAは，クエン酸シンターゼによりオキサロ酢酸と反応してクエン酸となる．クエン酸はサイトゾルに移行し，アコニターゼによりイソクエン酸に異性化される．イソクエン酸はグリオキシソームに戻り，イソクエン酸リアーゼにより，コハク酸とグリオキシル酸となる．グリオキシル酸は，リンゴ酸シンターゼによりアセチルCoAと反応してリンゴ酸となる．リンゴ酸は，リンゴ酸デヒドロゲナーゼによりオキサロ酢酸になる．グリオキシル酸回路の反応が進む過程で生成するグリオキシル酸は，常に回路内の反応に使われるが，回路の反応が進む過程で生成するコハク酸は，ミトコンドリアに輸送され，フマル酸を経てリンゴ酸となる．リンゴ酸はサイトゾルに輸送され，リンゴ酸デヒドロゲナーゼによりオキサロ酢酸に変換される．そして，ホスホエノールピルビン酸カルボキシキナーゼによって脱炭酸されてホスホエノールピルビン酸となる．ホスホエノールピルビン酸は，その後，糖に変換される．

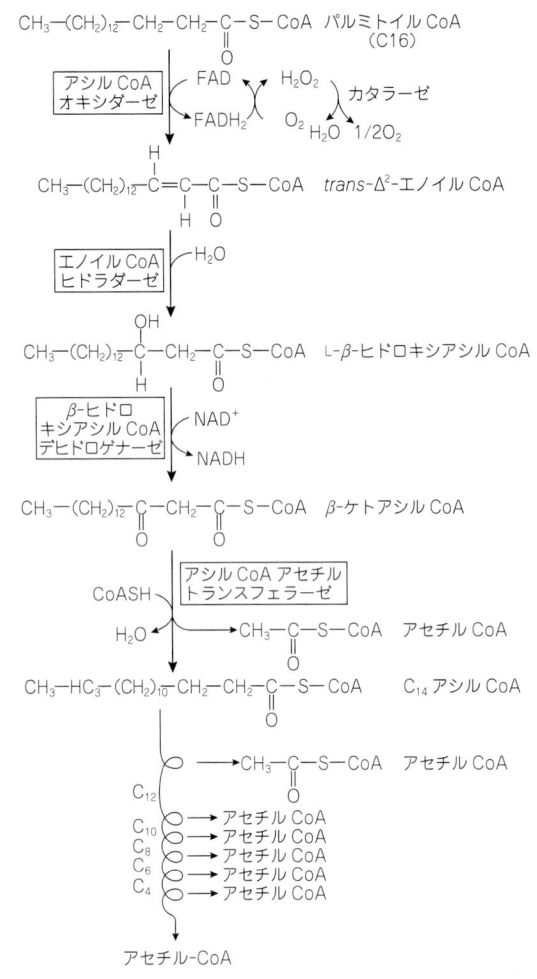

図 17.3 β-酸化による脂肪酸の分解（Somerville et al., 2000 より改変）

================ Tea Time ================

キャノーラ油

　セイヨウアブラナ（*Brassica napus*）は，カブ（*Brassica rapa*）とキャベツ（*Brassica oleracea*）の自然交配によってできた雑種である．セイヨウアブラナの種子からは食用のナタネ油が採取され，広く用いられてきた．しかし，このナタネ油には2つの問題点があった．それは，エルカ酸（エルシン酸）と呼ばれる 22：1 の脂肪酸と，グルコシノレートが含まれていることである．エルカ酸は，過剰に摂取すると心臓障害を引き起こすことが知られている．また，グルコシノレートは図 17.4 に示すように，分子内にグルコースと硫黄原子を含む化合物であり，ナタネ油の品質を低下させる原因となる（本来のグルコシノレートの機能は，植物が食害から身を守るための防御であると考えられている．グルコシノレートは細胞内の液胞に隔離されて存在する．葉が損傷したり食べられたりして細胞が傷つくと，グルコシノレートとチオグルコシダーゼが接触し，グルコシノレートからグルコースが除かれ，独特の臭気や辛みを持つイソチオシアネートなどの物質が生成する）．このようなナタネ油の問題点を解決するため，エルカ酸とグルコシノレート含量の低いナタネが品種改良によって作り出されている．カナダで開発されたこのナタネがキャノーラ（カノーラ）であり，その種子から採取した油はキャノーラ油と呼ばれている．最近では，さらに油の品質を高めるために，リノレン酸(18：3)含量を低くしてオレイン酸(18：1) 含量を高くした品種も開発されている．

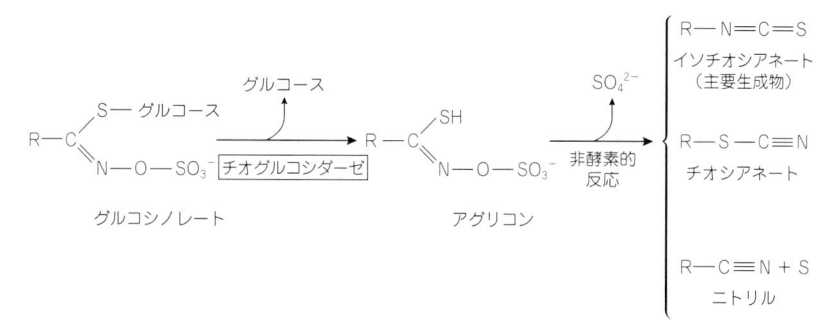

図 17.4　グルコシノレートの構造とイソチオシアネートの産生

（加藤美砂子）

第18講

硝酸還元とアンモニアの同化

キーワード：硝酸レダクターゼ　　亜硝酸レダクターゼ　　GS-GOGAT経路
　　　　　　グルタミンシンセターゼ　　グルタミン酸シンターゼ

　植物は，葉の気孔から空気中の無機炭素をCO_2の形で吸収し，有機炭素化合物を合成するが，もう1つの重要な元素である窒素は，主に硝酸イオン（NO_3^-）の形で根から吸収し，アンモニアに還元してアミノ酸に導入する．アンモニアの同化には，グルタミンシンセターゼとグルタミン酸シンターゼが関与し，グルタミン酸のアミノ基は，ほかのアミノ酸の合成につかわれる．種々のアミノ酸を基質として，ヌクレオチド，クロロフィル，アルカロイドなど窒素を含む多彩な化合物が合成される．

土壌中の硝酸イオンの吸収

　土壌中で窒素は，硝酸イオン，亜硝酸イオン，アンモニアの形で存在している．土壌中には亜硝酸細菌，硝酸細菌がいるので，これらの菌による硝化作用により，アンモニアと亜硝酸は，より酸化された硝酸イオンに変換されている場合が多い．根には，膜タンパク質である硝酸輸送体がある．この輸送体は複数あるが，一部のものは硝酸イオンにより発現が誘導される．硝酸イオンは，ATPのエネルギーを用いて能動的に細胞内へ送り込まれる．

硝 酸 還 元

　硝酸イオンのアンモニアへの還元は，根と葉で行われる．この過程は，硝酸レダクターゼ（nitrate reductase）と亜硝酸レダクターゼ（nitrite reductase）が触媒する．硝酸レダクターゼは，根や葉のサイトゾルにあり，3つの補助因子（FAD，ヘムFe，Mo）を含む酵素で，NADHあるいはNADPHを電子供与体としてつかい以下の反応を触媒する．

$$NO_3^- + NAD(P)H + H^+ \longrightarrow NO_2^- + NAD(P)^+ + H_2O$$

　この酵素には，転写レベルの調節と酵素のリン酸化・脱リン酸化による活性調節が見られ，硝酸イオンや光は活性化，アンモニアは活性を低下させる方向に働く．

一方，亜硝酸レダクターゼはプラスチドにあり，次の反応を触媒する．

$$NO_2^- + 6Fed_{(red)} + 7H^+ \longrightarrow NH_3 + 6Fed_{(ox)} + 2H_2O$$

ここで，$Fed_{(red)}$と$Fed_{(ox)}$はそれぞれ，フェレドキシンタンパク質の還元型と酸化型を意味する．この酵素は，FAD，シロヘムとFe-Sクラスターを含む．フェレドキシンの還元力は，葉では光合成の電子伝達系から，根では主にペントースリン酸経路で生じたNADPHによっている（第13講）．

植物の代謝系によるアンモニアの発生

アンモニアは，ここで述べたように，根から吸収した無機窒素化合物によるもののほか，細胞内の窒素化合物の分解によっても生じる．アンモニアの同化の説明の前に簡単に触れることにする．第7講で述べたように，光呼吸の過程で2分子のグリシンからセリンが合成される際にアンモニアが放出される．また，フェニルプロパノイド合成経路のフェニルアラニンアンモニアリアーゼにより触媒される最初の反応でもアンモニアが遊離する．アミノ酸やヌクレオチドの分解経路では，直接，あるいは尿素の生成を経てアンモニアができる．アンモニアは植物体内で有害であるため，ただちに同化されるものと考えられる．

アンモニアの同化

硝酸還元，あるいは窒素化合物の分解により生じたアンモニアは，アミノ酸に固定される．1970年代前半まで，アンモニアはTCA回路由来の2-オキソグルタル酸（2OG）に固定され，グルタミン酸が生成されるものと思われていた．この反応は，グルタミン酸デヒドロゲナーゼ（GDH）により触媒されるので，GDH経路という（図18.1(A)）．英国のリー（Peter J. Lea）とミフリン（Benjamin J. Mifflin）は，アンモニアが固定される基質は2OGではなくグルタミン酸であることを示し，この新たなアンモニア同化経路を1974年にNature誌に報告した．このアンモニア同化反応には2つの酵素が関与する．最初の反応は，グルタミンシンセターゼ（GS）により触媒され，ATPを使ってアンモニアがグルタミン酸に固定され，グルタミンができる．次の反応では，グルタミン酸シンターゼ（系統名はグルタミン：

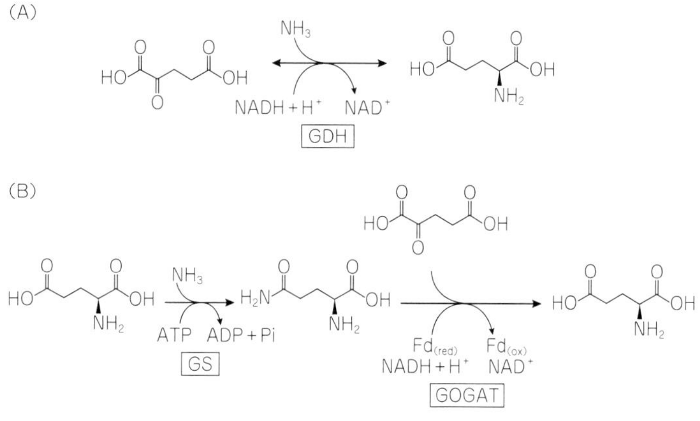

図18.1 アンモニアの同化経路
(A) GDH経路，(B) GS/GOGAT経路．

2-オキソグルタル酸アミノトランスフェラーゼ，略号はGOGAT）により，グルタミンのアミド基が2 OGに転移され，2分子のグルタミン酸ができる．この経路は，GS-GOGAT経路と呼ばれる（図18.1(B)）．アンモニアがGDH経路ではなく，GS-GOGAT経路で同化されることは，^{15}Nで標識されたアンモニアがグルタミンに最初に取り込まれること，GDHのアンモニアに対するK_m値が高すぎること，GSの阻害剤，あるいはGS欠損株でのアンモニア同化の低下などの事実から支持された．

GSには，葉緑体型とサイトゾル型があるが，どちらの型も分子質量が約350 kDで，8つの約40 kDのサブユニットから構成される酵素である．GSのアイソザイムが，葉，根，根粒で見られる．一方，GOGATにはフェレドキシン依存型（Fd-GOGAT）と，NADH依存型（NADH-GOGAT）がある．酵素タンパク質は，160〜200 kDのモノマーとして存在する．Fd-GOGATは葉と根にあり，葉のものは葉緑体にある．NADH-GOGATは，根のプラスチドにある．

根と葉における窒素の同化

根と葉における窒素の同化を図18.2にまとめた．一般の植物では，根から吸収したNO_3^-は根のサイトゾルでNO_2^-に還元され，プラスチドでNH_4^+になる．NH_4^+は，プラスチドとサイトゾルでアミノ酸の合成につかわれる．根で還元されなかったNO_3^-は葉に輸送され，サイトゾルでNO_2^-に還元され，葉緑体でNH_4^+になり，アミノ酸の合成に使われる．アンモニアの同化は，葉緑体とサイトゾルで起こる．マメ科植物などの根粒では，根粒菌の感染によりつくられたシンビオソーム中で窒素固定が行われ，NH_4^+がつくられる．サイトゾルでGSによってつくられたグルタミンは，アスパラギンやウレイド（プリンヌクレオチドの分解物）になり，地上部に輸送され，葉で種々のアミノ酸の合成につかわれる．

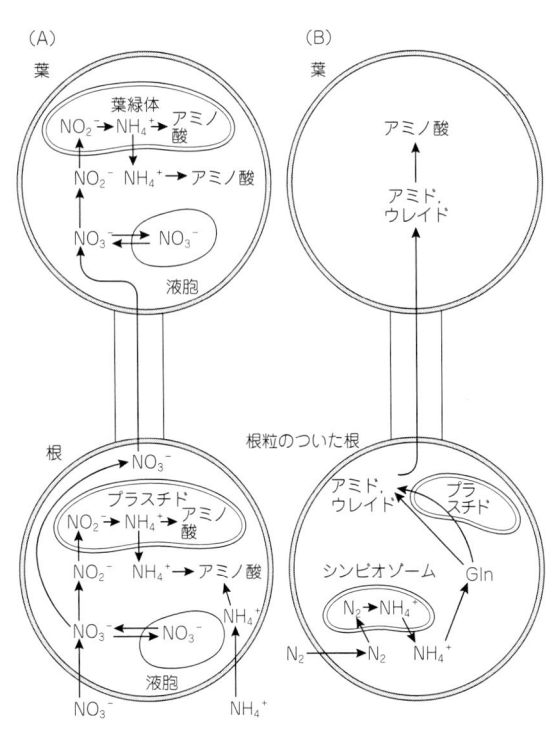

図18.2 根と葉における窒素の同化経路
(A) 一般の植物，(B) 窒素固定をしている根粒をつけた植物．（Crawford et al., 2000を改変）

= Tea Time =

チャのテアニン含量はアンモニア肥料で増加する

　緑茶のうまみ成分として，テアニンというアミノ酸がある．テアニン含量と緑茶の価格はほぼ比例するという報告がある．つまり，良質の茶葉は多量のテアニンを含む．チャ樹は，硝酸よりもアンモニアを好む，いわゆる好アンモニア性植物である．チャ樹に与える窒素の量と新芽のテアニン量には興味深い関係がある．アンモニア態窒素を施した場合，投与した濃度に比例してテアニン含量が増加する．例えば，100 ppm の NH_4^+ を投与した場合，テアニン量は，25 ppm の NH_4^+ を投与した場合の3.2倍になる（図18.3）．さらに，グルタミン酸やアスパラギン酸の量も増加する．一方，葉の全窒素量は，1.1倍しか増加しない．硝酸態窒素を施した場合は，テアニン量は，与えた NO_3^- の濃度増加に従いむしろ減少する．チャのタンパク質量や成長量は，20 ppm 程度の窒素施与で飽和になるので，チャ園では，テアニン合成量増加のために，成長に必要な量以上の肥料を与えている．チャ樹は過剰の NH_4^+ の処理（解毒化）のために，テアニンを合成しているように見える．テアニンは根で合成されるが，チャ樹の根では NH_4^+ を GS-GOGAT で同化し，グルタミン酸を生成し，図18.4に示した反応でつくられる．テアニンは，グルタミン酸と，アラニンの脱炭酸反応で生じるエチルアミンから合成されるが，その反応機構は GS に類似している（図18.1）．チャのデータベースには，3つの GS の遺伝子（*GS1*, *GS2*, *GS3*）と2つのテアニンシンセターゼの遺伝子（*TS1*, *TS2*）が登録されている．GS と TS の類似性は高く，*TS1* と *GS3*，*TS2* と *GS1* のホモロジーは，それぞれ99％と97％である．テアニンは，チャ以外の野生のツバキ科植物にも，微量ではあるが検出される．

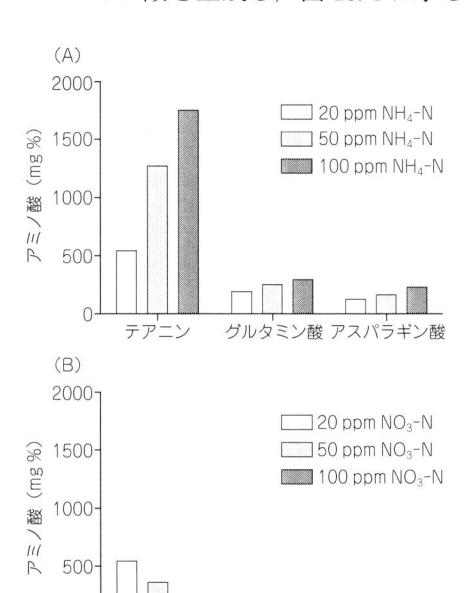

図18.3　チャ樹に与える NH_4^+ 濃度（A）および NO_3^- 濃度（B）と，新芽のテアニン，グルタミン酸，アスパラギン酸の量（小西，1991を図式化）

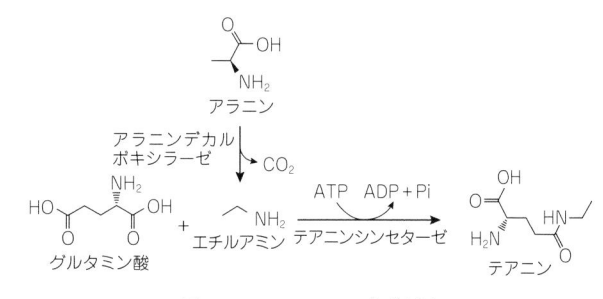

図18.4　テアニンの合成反応

（芦原　坦）

第19講

アミノ酸の合成と分解

キーワード：タンパク質構成アミノ酸　アミノ酸の生合成
　　　　　　非タンパク質構成アミノ酸　アミノ酸の分解

　GS-GOGAT経路でグルタミンやグルタミン酸に固定された窒素は，ほかのアミノ酸の生合成につかわれる．生成された種々のアミノ酸は，タンパク質合成と細胞内のさまざまな窒素化合物の合成につかわれる．動物はタンパク質合成に必要なアミノ酸をすべて合成できるわけではないので，いわゆる必須アミノ酸を食物として取り入れなければ生きていけない．それに対してすべての植物は，タンパク質合成につかわれる20種のアミノ酸だけでなく，植物種に特有な非タンパク質構成アミノ酸も合成することができる．アミノ酸は分解される．アミノ基が除去されるとケト酸になり，TCA回路に導入される．芳香族アミノ酸は，アミノ基が除去されて，多くの窒素を含まない二次代謝産物の合成につかわれる．

アミノ酸の構造

　アミノ酸とは，分子中にアミノ基（$-NH_2$）とカルボキシル基（$-COOH$）を持つ化合物の総称である．カルボキシル基が結合している炭素にアミノ基も結合しているアミノ酸はα-アミノ酸と呼ばれ，タンパク質構成アミノ酸はすべてこれに含まれる．アミノ基がカルボキシル基の付いている隣の炭素に付いている場合はβ-アミノ酸，またその隣の炭素の場合はγ-アミノ酸となる．構造と例を図19.1に示す．アミノ酸を，酸性，塩基性，中性アミノ酸に分類する場合がある．アスパラギン酸やグルタミン酸は，カルボキシル基が2つあるので，酸性を示す．一方，アミノ基を複数持つもの（リジン，アルギニン，ヒスチジン）は塩基性である．

アミノ酸の生合成

　タンパク質構成アミノ酸の炭素骨格は，解糖系，ペントースリン酸経路，カルビン・ベンソン回路，TCA回路の中間産物で

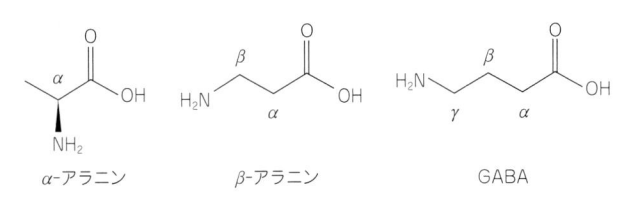

図19.1　α-アミノ酸，β-アミノ酸，γ-アミノ酸の例

ある（図19.2）．タンパク質構成アミノ酸は，生合成から見ると，アスパラギン酸グループ，グルタミン酸グループ，分岐鎖アミノ酸グループ，セリングループ，ヒスチジン，芳香族アミノ酸グループに分けることができる．芳香族アミノ酸グループのアミノ酸はシキミ酸経路で合成されるが，これは第26講で述べる．

アスパラギン酸グループ

このグループのアミノ酸は，スレオニン（Thr, T），リジン（Lys, K），メチオニン（Met, M），アスパラギン（Asn, N）である．括弧内はそれぞれ，3文字，1文字表記の略号である．アスパラギン酸は，グルタミン酸のアミノ基がオキサロ酢酸に転移され生成される（図19.3）．アスパラギン酸から，スレオニン，リジン，メチオニンができる経路と主要物質の構造を図19.4に示した．アスパラギン酸グループの生合成のフィードバック調節は，第5講で述べた．3つのアミノ酸の合成は，アスパラギン酸4-リン酸の合成で開始する．スレオニンは，アスパラギン酸4-セミアルデヒド，ホモセリン4-リン酸を経て合成される．アスパラギン酸4-セミアルデヒドから，リジンの合成系が分岐する．高等植物では，主に2,6-ジアミノピメリン酸（DAP）を経由する経路で合成される．菌類やユーグレナには，アミノアジピン酸を経由する経路があるが，窒素欠乏状態では植物でも後者の経路が働く場合もある．O-ホスホホモセリンから，メチオニンの合成系が分岐する．Sを含

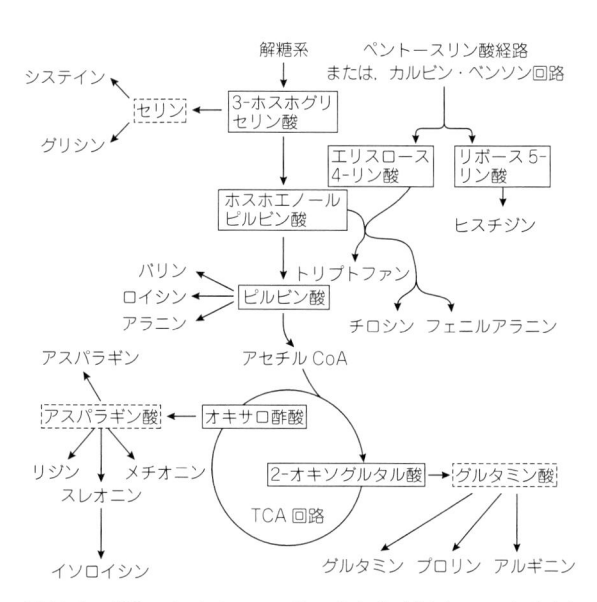

図19.2 植物におけるアミノ酸の生合成（芦原，1991を改変）

図19.3 グルタミン酸からアスパラギン酸の生成

図19.4 アスパラギン酸グループのアミノ酸の生合成経路

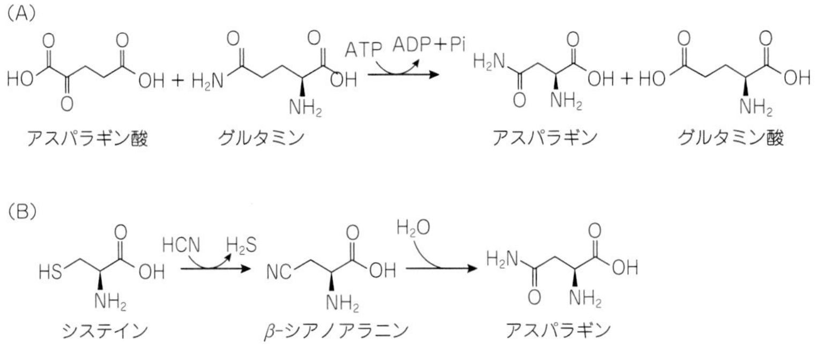

図 19.5　アスパラギンの生合成

むアミノ酸であるシステインと O-ホスホホモセリンの縮合反応によりシスタチオニンができ，ピルビン酸部分が除去されホモシステインができる．これに，N^5-メチルテトラヒドロ葉酸からメチル基が供与されてメチオニンができる．アスパラギン生成に関与するアスパラギンシンセターゼには，アミド供与体としてアンモニアが用いられる酵素とグルタミンが用いられる酵素が存在する．植物では，普通はグルタミン分解を伴う酵素が働く．この酵素は，ATP の加水分解に共役して触媒作用を持つリガーゼである（図 19.5(A)）．マメ科やウリ科の植物では，β-シアノアラニン経路によりアスパラギンが合成される（図 19.5(B)）．この経路は，アミドの合成のほかに，代謝の過程で発生するシアンの解毒反応としての意味もあるらしい．

グルタミン酸グループ

グルタミン酸グループには，プロリン（Pro, P）とアルギニン（Arg, R）が含まれる．これらのアミノ酸の構造と生合成経路を，図 19.6 に示した．プロリンの合成系では，グルタミン酸セミアルデヒドができ，非酵素的に脱水反応が起こり，環状の Δ'ピロリン 5-カルボン酸ができ，NADH で還元されてプロリンが生成される．プロ

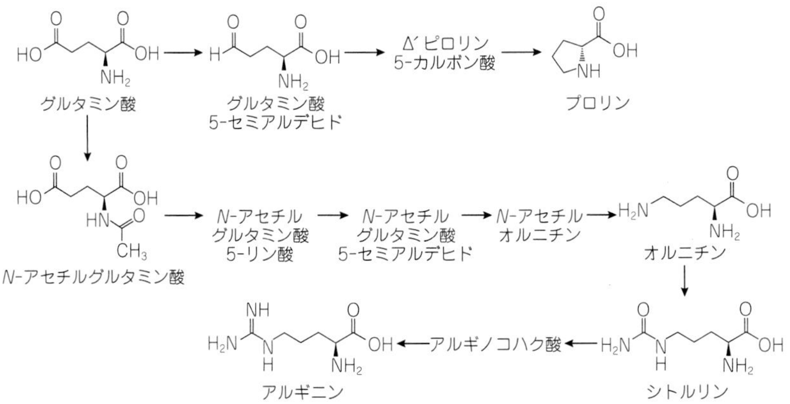

図 19.6　グルタミン酸グループのアミノ酸の生合成経路

リンは，水ストレスに対する適合溶質（浸透圧調節物質）であり，例えば，シロイヌナズナを乾燥状態に置くと，プロリン合成系の最初の酵素の転写が促進されてプロリン合成が開始する．水を与えると，プロリン分解の酵素の遺伝子発現が増加して，プロリンが分解される．アルギニンの合成系では，グルタミン酸のアミノ基がセミアルデヒドに還元される前にアセチルCoA由来のアセチル基でブロックされ，環状化されるのを防いでいる．オルニチンを経由してシトルリンができ，これにアスパラギン酸のアミノ基が導入され，アルギノコハク酸が生成される．この物質からフマル酸が外れて，アルギニンが合成される．オルニチンからアルギニンができる過程は，動物のオルニチンサイクルの反応と同一である．アルギニンは，植物では貯蔵アミノ酸として機能する．例えば，越冬中のポプラの枝の材部では，アルギニンが全遊離アミノ酸量の84%を占める．春になり開芽すると，アルギニンはほかのタンパク質構成アミノ酸に変換される．

分岐鎖アミノ酸グループ

タンパク質構成アミノ酸のバリン（Val, V），ロイシン（Leu, L），イソロイシン（Ile, I）は，分岐鎖アミノ酸と呼ばれる．これらのアミノ酸は，βまたはγ位にメチル基を持つ類似の構造をしており，代謝も共通の酵素で触媒される（図19.7）．これ

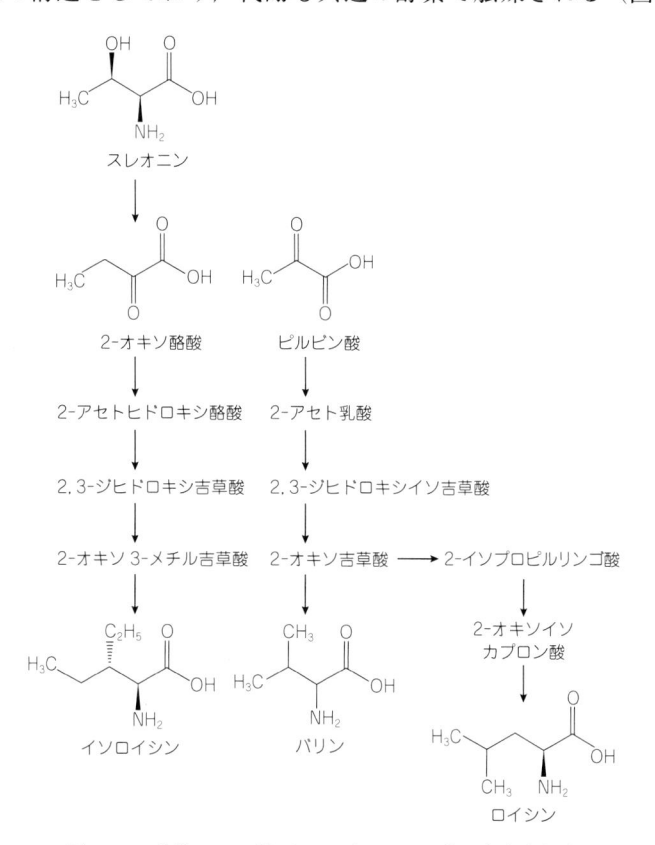

図19.7 分岐アミノ酸グループのアミノ酸の生合成経路

らのアミノ酸の合成開始物質は，2-オキソ酪酸あるいはピルビン酸である．前者はスレオニンに由来する．最初の反応は，チアミンピロリン酸（TPP）依存の反応で，ピルビン酸と TPP の付加化合物が脱炭酸し，1-ヒドロキシエチル TPP が生成され，これが 2-オキソ酪酸あるいはピルビン酸と縮合して，2-アセトヒドロキシ酪酸，2-アセト乳酸をつくる．この反応を触媒する酵素はアセトヒドロキシ酸シンターゼであるが，この酵素は，農業では除草剤の標的酵素として使われ，スルホニル尿素系の農薬でこの反応を阻害することにより，植物を枯らす．この反応に引き続いて，還元，脱水，アミノ基転移反応が起こり，イソロイシンとバリンができる．バリンの合成系の中間産物である 2-オキソ吉草酸にアセチル CoA から C_2 単位が縮合し，

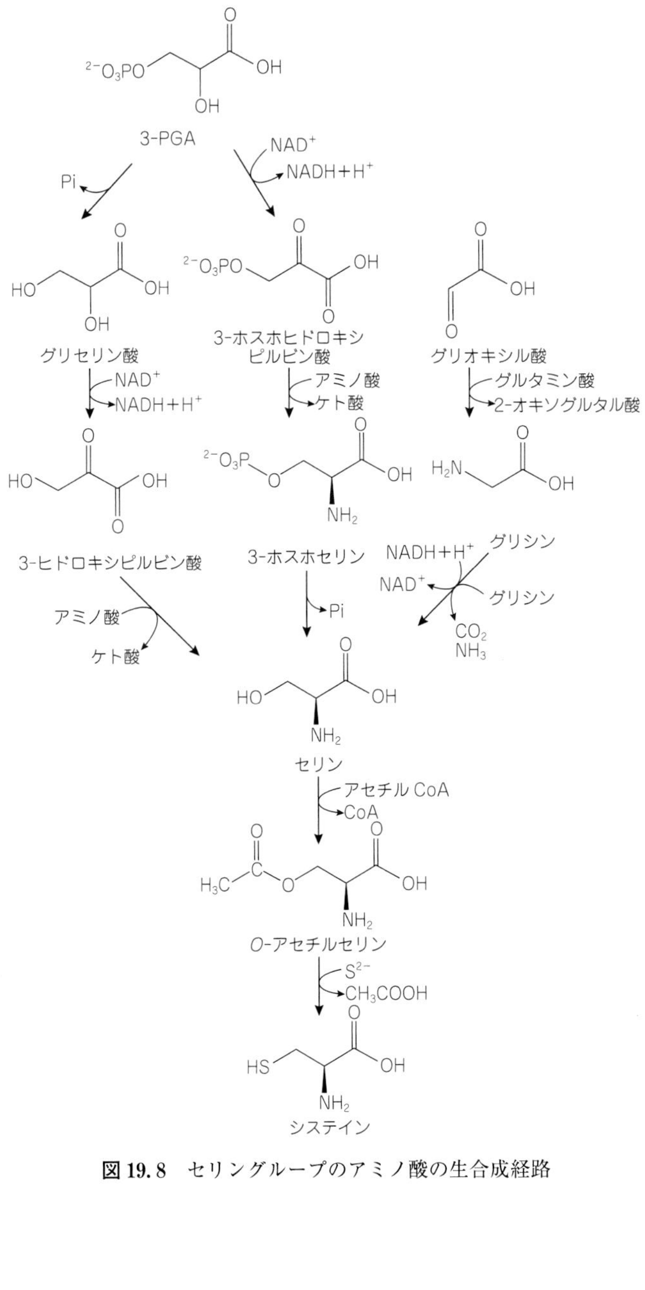

図 19.8 セリングループのアミノ酸の生合成経路

続いて異性化，酸化的脱炭酸，アミノ基転移反応が起こり，ロイシンの合成系が完結する．

セリングループ

グリシン（Gly, G），セリン（Ser, S），アラニン（Ala, A）は，糖代謝で生成された有機酸にアミノ基が転移され，比較的簡単に合成される（図19.8）．解糖系，あるいはカルビン・ベンソン回路で生じた3-ホスホグリセリン酸（PGA）からセリンが合成されるが，PGA由来のリン酸基が最初に外れる非リン酸化経路と最後に除去されるリン酸化経路がある．前者はC_4植物の葉で見られ，後者は非光合成組織で見られる．C_3植物では光呼吸によるグリシンとセリンの合成が重要である（第7講）．セリンからシステインが合成される（図19.8）．

ヒスチジン

ヒスチジン（His, H）の生合成系は，ほかのアミノ酸とは異なり，プリンの代謝と関連している（図19.9）．PRPPとATPからホスホリボシルATPが生成され，これから複雑な経路でヒスチジンができることが，大腸菌やサルモネラ菌の研究から明らかにされたが，植物では詳細な研究はまだされていない．ヒスチジンの6個のCはPRPPとATPに由来し，2つのNはグルタミンとグルタミン酸に由来する．ヒスチジンの生合成系の途中で，5-アミノイミダゾール4-カルボキサミドヌクレオチド（AICAR）が放出されるが，これはプリンヌクレオチドの *de novo* 合成経路の中間産物である（第21講）．ヒスチジンの合成がプリンリボヌクレオチドと関連していることは，生命がRNAを基礎に発生したという仮説の根拠の1つになっており，いわゆる化石経路であると考えられている．

タンパク質とペプチドの合成

タンパク質の合成は，DNAの遺伝情報を転写したmRNAを用いて，いわゆる翻訳過程で行われる．アミノ酸は合成されると直ちにタンパク質の合成につかわれる．細胞分裂期，細胞伸長期では，タンパク質合成に多くがつかわれるた

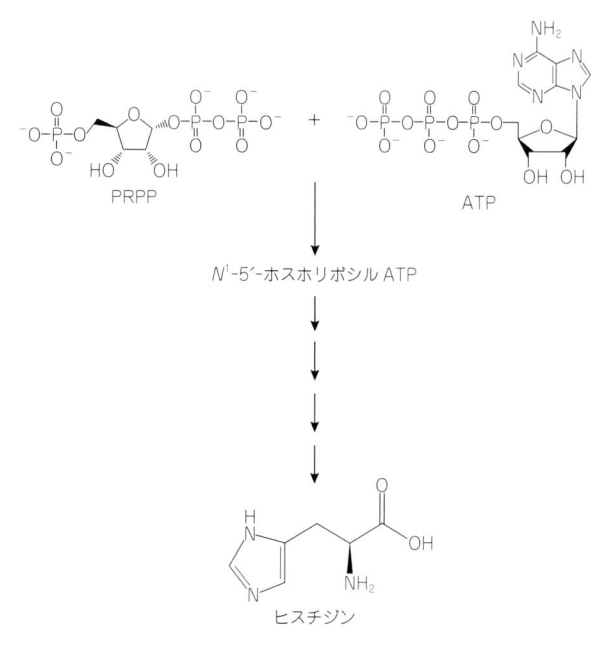

図19.9 ヒスチジンの生合成の概略

めに，遊離アミノ酸量は減少する．細胞増殖が停止し定常期に入ると，タンパク質合成の低下に伴い遊離アミノ酸量は増加する．アミノ酸はペプチドの合成にもつかわれる．グルタチオンは，グルタミン酸，システイン，グリシンから構成されるトリペプチドである．

アミノ酸の分解

アミノ酸は，アミノ基転移反応や酸化的脱アミノ基反応によりアミノ基を失ってケト酸となり，TCA回路で代謝される．また，多くの窒素を含まない二次代謝物質も，開始反応はフェニルアラニンやチロシンの脱アミノ基反応で開始する（第26講）．

=== Tea Time ===

植物の非タンパク質構成アミノ酸

現在までに，700種ものタンパク質合成につかわれないアミノ酸が見つかっているが，このうち300種以上は植物由来のものである．植物では，マメ科，ウリ科，ムクロジ科（旧カエデ科，トチノキ科）などに多くの非タンパク質構成アミノ酸が分布している．ヒトの生活に関連があるアミノ酸としては，第18講で紹介したチャのテアニンがある．テアニンは，茶のうまみ成分である．チャ葉を窒素ガス中に封入して嫌気状態に置くと，葉中のグルタミン酸のα位のカルボキシル基が外れて，γ-アミノ酪酸（GABA）が生成され蓄積する．GABAは，血圧を降下させる作用を持つため，このような方法でGABA濃度を高めた茶葉はギャバロン茶という名前で健康食品として商品化されている（図19.10）．

このほか，γ-アミノ酸には5-アミノレブリン酸がある．これはクロロフィルのポルフィリン骨格の前駆体であるが，これを植物に投与すると，光合成の活性化，

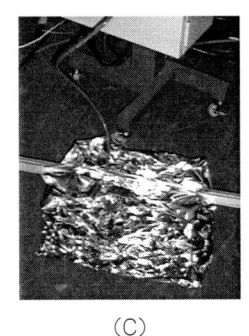

(A)　(B)　(C)　(D)

図 19.10　ギャバロン茶の製造（写真提供：(A)〜(C)（独）農業・食品産業技術総合研究機構　沢井祐典博士，(D)（有）宗野正次商店，静岡県茶商工業協同組合）
(A) 採取した生のチャ葉を袋に詰める．(B)・(C) チューブを差し込み，空気を抜く．この後，窒素を充填する．(D) ギャバロン茶ができる．

それに伴う肥料の吸収促進などが見られるため，砂漠の緑化に利用されている．ハッショウマメなどのマメ科の植物には，3,4-ジオキシフェニルアラニン（DOPA）を蓄積するものがある．DOPA は，チロシンの水酸化により生じる物質であり，ヒトの抗パーキンソン症候群薬である．ヒトの体内では，脱炭酸酵素によってドパミンに変換され治療効果を示す．L-DOPA は効果があるが，D-DOPA は副作用があるため，以前には，マメ科植物から抽出されたものが使われていたが，現在は L-チロシンから化学合成されている．植物では，DOPA はベタレイン，アルカロイドなどの二次代謝経路の前駆体となる．

（芦原　坦）

第20講

ピリミジン代謝

キーワード：ヌクレオチド　　ヌクレオシド　　*de novo* 経路　　サルベージ経路
　　　　　　UTP　　CTP

　第21講〜第23講は，ヌクレオチドの代謝を扱う．アミノ酸がタンパク質の成分であるのと同様に，ヌクレオチドは核酸の成分である．ヌクレオチドは，それ自体でも高エネルギー物質として多くの代謝経路に関与している．ピリミジンやプリンの代謝を核酸代謝という場合があるが，この表現は誤解を与えるので使わない方がよい．アミノ酸代謝とタンパク質代謝が異なるように，ヌクレオチド代謝と核酸代謝は異なるし，ヌクレオチドは核酸の合成以外にもつかわれる．ここでは，まず，ヌクレオチド，ヌクレオシド，ヌクレオベース（普通は，単に塩基という）について説明する．

塩基，ヌクレオシド，ヌクレオチドの構造

　ペントースリン酸エステルの1位の炭素に窒素塩基が結合したものを，ヌクレオチド（nucleotide）という．リボースリン酸，あるいはデオキシリボースリン酸の場合，リボヌクレオチド，デオキシリボヌクレオチドという．リン酸が結合していない場合は，ヌクレオシド（nucleoside）という．ヌクレオチドのペントース部分の原子の番号には，プライム（′）を付けて示す．リン酸基がC-3′位に付けば3′-ヌクレオチド，C-5′位に付けば5′-ヌクレオチドとなる．ATPをはじめ，生体内のヌクレオチドは普通5′-ヌクレオチドなので，5′は省略される場合が多い．次のような略号は，正規に認められているものではないが，構造が示されているので理解しやすい．例えば，ATP, ADP, AMP, AR, A あるいは，dATP, dADP, dAMP, AdR, A である．AR はアデノシン（R はリボース），dATP はデオキシアデノシントリリン酸（d はデオキシ），AdR はデオキシアデノシン（dR はデオキシリボース）を意味する．ちなみに，国際生化学分子生物学連合で認められているヌクレオシドの略号は，Ado, Guo, Cyd, Urd, dThd であるが，これらからは構造がイメージできない．表20.1に構造と名称の一覧を示す．

表20.1 ヌクレオベース（塩基），ヌクレオシド，ヌクレオチドの名称

塩基	構造	ヌクレオシド	リボヌクレオチド	デオキシリボヌクレオチド
ウラシル（U）		ウリジン（UR）	UMP UDP UTP	dUMP
シトシン（C）		シチジン（CR） デオキシシチジン（CdR）	CMP CDP CTP	dCMP dCDP dCTP
チミン（T）		チミジン（TdR）		dTMP dTDP dTTP
アデニン（A）		アデノシン（AR） デオキシアデノシン（AdR）	AMP ADP ATP	dAMP dADP dATP
グアニン（G）		グアノシン（GR） デオキシグアノシン（GdR）	GMP GDP GTP	dGMP dGDP dGTP

ヌクレオチドの生合成

ヌクレオチドの生合成には，アミノ酸などの基質を使ってヌクレオチドを最初から作り出す新生（*de novo*）経路と，核酸やヌクレオチドの分解の結果できるヌクレオシドや塩基を再利用して，直ちにヌクレオチドに戻すサルベージ（salvage）経路がある．植物では，ほぼすべての組織で *de novo* 経路とサルベージ経路が見られるが，*de novo* 経路活性の低い動物の脳や赤血球，ある種の寄生虫などでは，主にサルベージ経路によってヌクレオチドの合成が行われている．

ピリミジンヌクレオチドの *de novo* 生合成経路の反応

ピリミジンヌクレオチドの生合成は，カルバモイルリン酸の合成で開始する．カルバモイルリン酸シンセターゼの働きにより，HCO_3^- にグルタミンのアミド N が結合し，カルバモイルリン酸（CP）ができる（図20.1，反応①）．アスパラギン酸カルバモイルトランスフェラーゼの反応で CP とアスパラギン酸が縮合して，カルバモイルアスパラギン酸ができる（反応②）．カルバモイルアスパラギン酸は，ジヒドロオロターゼにより触媒される分子内縮合反応により閉環して，ジヒドロオロト酸ができる（反応③）．ジヒドロオロト酸は酸化されて，オロト酸になる（反応④），オロト酸に 5-ホスホリボシルピロリン酸（PRPP）が縮合し，オロチジン 5′-リン

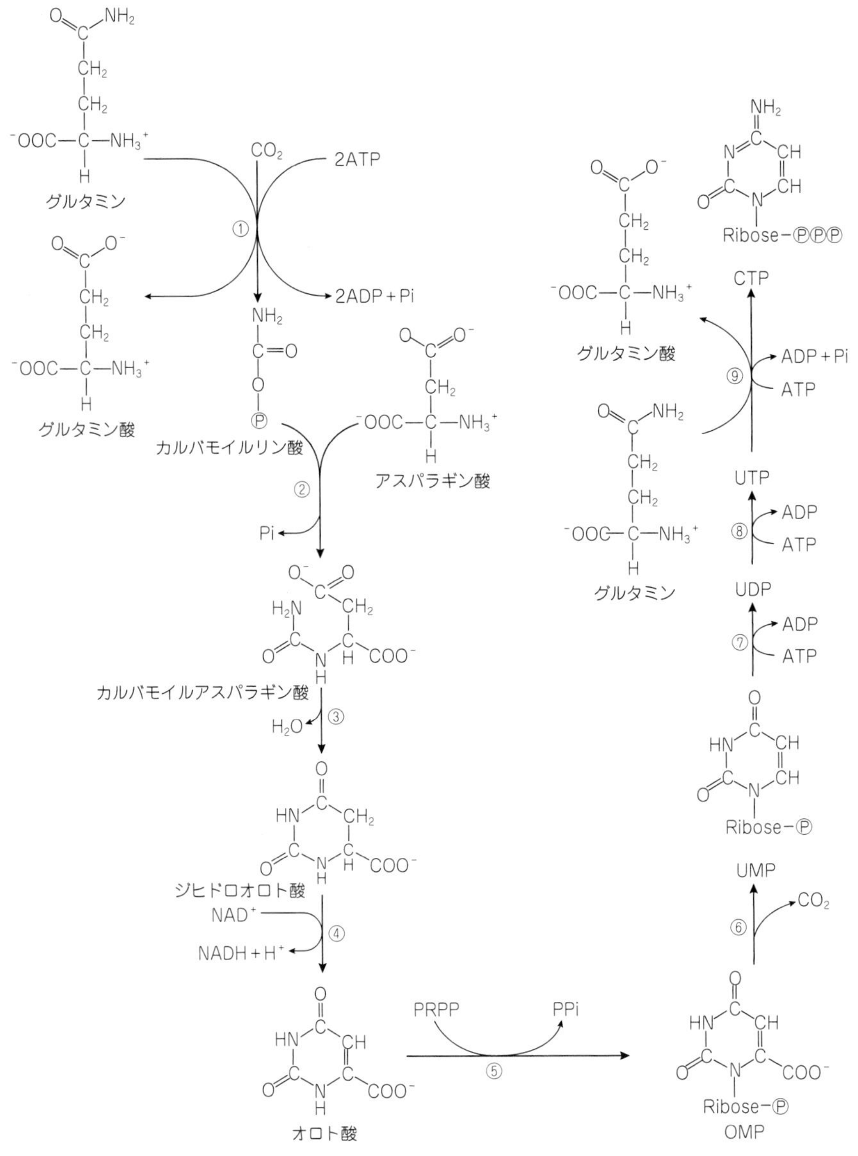

図20.1 ピリミジンヌクレオチドの de novo 生合成経路
① カルバモイルリン酸シンセターゼ，② アスパラギン酸カルバモイルトランスフェラーゼ，③ ジヒドロオロターゼ，④ ジヒドロオロト酸デヒドロゲナーゼ，⑤ オロト酸ホスホリボシルトランスフェラーゼ，⑥ オロチジン5′-モノリン酸デカルボキシラーゼ，⑦ ヌクレオシドモノリン酸キナーゼ，⑧ ヌクレオシドジリン酸キナーゼ，⑨ CTP シンセターゼ．⑤と⑥は，酵素複合体であり，UMP シンセターゼと呼ばれることもある．

酸（OMP）ができる（反応⑤）．OMP から CO_2 が除去され，UMP ができる（反応⑥）．ここに示した UMP までの6段階の反応を，一般にピリミジンの de novo 生合成というが，オロト酸経路（orotic acid pathway）と呼ばれる場合もある．

植物の de novo 合成経路の特徴

ピリミジンの6段階からなる反応は，大腸菌からヒトまで同じであるが，細胞内

局在性，酵素タンパク質複合体の有無などにおいて大きな違いが見られる．植物の *de novo* 経路の酵素は，ジヒドロオロト酸デヒドロゲナーゼ（図20.1，反応④）以外はプラスチド（葉では，葉緑体）にあり，NAD^+依存のジヒドロオロト酸デヒドロゲナーゼは，ミトコンドリア内膜の外側にあって，呼吸鎖と連動している．細胞内局在性は，生化学的方法，免疫学的方法，遺伝子上の局在化のためのシグナルペプチド配列などから決められるが，これらの実験は，まだ完全には行われていないために，これ以外の場所での存在を否定するものではない．生化学的に細胞内分布を見た研究では，これらの酵素のほとんどはサイトゾルにも存在しているようである．*de novo* 経路の酵素複合体は，大腸菌などの原核生物では見られない．一方，植物では，最後の2つの酵素が複合体になっており，UMPシンターゼと呼ばれる．哺乳動物ではこのほか，最初の3つの酵素も単一の酵素複合体をなしており，CADタンパク質（各酵素の頭文字を取っている）と命名されている．植物の *de novo* 生合成の調節については，最初の2つの酵素活性がUMPによりフィードバック阻害を受けることが知られているが，遺伝子発現のレベルでの調節は見られない．

UMPのUTP，CTPへの変換

ピリミジンの *de novo* 生合成で生じたUMPは，ヌクレオシドモノリン酸キナーゼ（NMPK）とヌクレオシドジリン酸キナーゼ（NDPK）の働きで，UDP，UTPへと変換される（図20.1，反応⑦，⑧）．これらのキナーゼ反応によるヌクレオシドトリリン酸への変換は，ピリミジンのみならずプリンヌクレオチドの場合にも見られる．UTPにグルタミンのアミノ基が供与され，CTPが合成される（反応⑨）．

デオキシリボヌクレオチドとチミンヌクレチドの合成

DNAの素材であるデオキシリボヌクレオチドは，リボヌクレオシドジリン酸（NDP）の還元によりつくられる（図20.2）．この還元反応は，還元型のリボヌクレオチドレダクターゼ（RNR）が触媒するが，RNRの還元には，チオレドキシン（TR）が関与している．

RNR(酸化型，S-S) + TR(還元型，SH)
　　──→RNR-SH(還元型) + TR(酸化型，SH)

ウラシルからチミンへの変換は，チミジル酸シンターゼの反応で，dUMPのdTMPへのメチル基転移により行われる．メチル供与体としては，5, 10-メチレンテトラヒドロ葉酸（THF）がつかわれる．

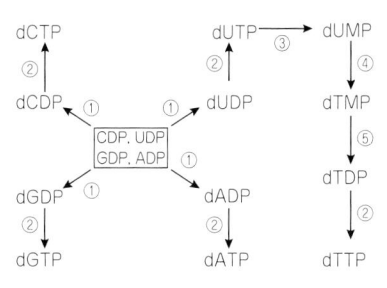

図20.2 デオキシリボヌクレオチドの合成
① リボヌクレオチドレダクターゼ，② ヌクレオシドジリン酸キナーゼ，③ dUMPピロホスファターゼ，④ チミジル酸シンターゼ，⑤ ヌクレオシドモノリン酸キナーゼ．

ピリミジンのサルベージ

ピリミジンヌクレオシドであるウリジン，シチジ

ン，チミジン，デオキシシチジンは，ウリジン / シチジンキナーゼ，チミジンキナーゼ，あるいはデオキシシチジンキナーゼにより，UMP, CMP, dTMP, dCMP に変換される．しかし，これらのヌクレオチドの生成は，基質特異性の低い，ヌクレオシドホスホトランスフェラーゼによっても触媒される．一般式（Py はピリミジン塩基）は以下の通りである．

PyR(PydR) + ATP ⟶ PyMP(dPyMP) + ADP（キナーゼ反応）
PyR(PydR) + AMP ⟶ PyMP(dPyMP) + AR（ホスホトランスフェラーゼ反応）

ピリミジン塩基のサルベージについては，ウラシルと PRPP から UMP を再生するウラシルホスホリボシルトランスフェラーゼの反応が知られているが，この酵素の活性はあまり高くない．シトシンは，全くサルベージされない．ピリミジンの場合，塩基にまで分解されてしまうと，ヌクレオチドへの再利用は難しくなる．

U + PRPP ⟶ UMP + PPi（ホスホリボシルトランスフェラーゼ反応）

ピリミジンヌクレオチドの利用

UTP, CTP は，RNA ポリメラーゼの基質となり，RNA 合成につかわれる．一方，DNA 合成には，dTTP, dCTP がつかわれる．UTP や CTP は，ATP のような高エネルギー化合物として働くほか，UDP-グルコース（UDPG）のような糖ヌクレオチドになり，スクロースなどの合成，糖の相互変換などに用いられる．植物細胞では，UDPG の含量は，ピリミジンヌクレオチドの総量よりも多いことが普通である．

ピリミジンの分解

ウラシルとチミンは，還元的に分解される．それぞれ，ジヒドロウラシル，ジヒドロチミンに還元され，β-ウレイドプロピオン酸，β-ウレイドイソ酪酸を経て，β-アラニン，β-アミノイソ酪酸になる．植物には β-アラニンの合成系は複数あるが，ウラシル由来の β-アラニンから，適合溶質である β-アラニンベタインや，CoA の前駆物質であるパントテン酸が合成されることが知られている（図 20.3）．

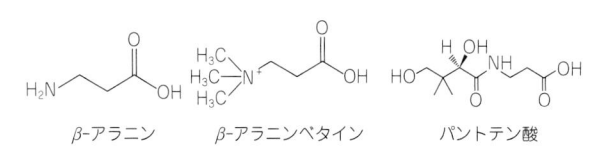

図 20.3 ウラシルの分解物から合成される物質

=========== Tea Time ===========

[^{3}H] チミジンによる DNA 合成期の測定

細胞生物学では，細胞周期（Cell Cycle）の判定の際に，トリチウム（^{3}H）でメ

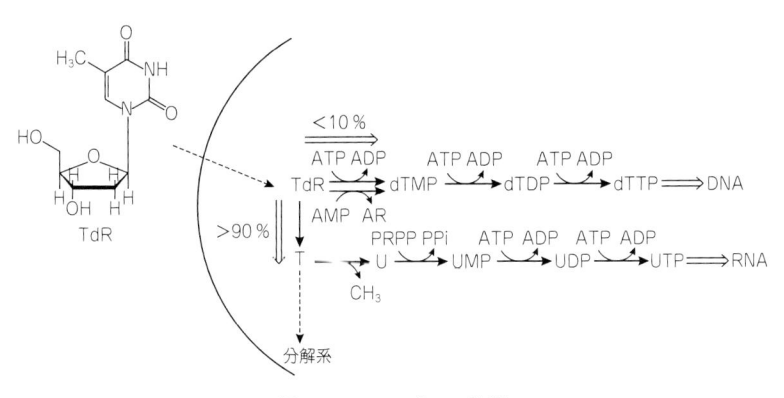

図 20.4　チミジンの代謝

チル基を標識したチミジンを細胞に与え，DNA に取り込まれた放射能をオートラジオグラフィーでとらえるという方法が用いられてきた．それでは，チミジンはどのようにして核の DNA 合成につかわれるのであろうか？　チミジンは，直接 DNA に取り込まれるわけではなく，DNA ポリメラーゼの基質である dTTP に変換されてからつかわれる．動物にはチミジンキナーゼがあるので，チミジンから dTMP ができ，これが dTDP を経て dTTP となり，DNA 合成につかわれる（図 20.4）．この反応は，本来の *de novo* のヌクレオチドの合成反応ではなく，サルベージ反応である．植物の場合は，チミジンキナーゼの活性はない場合が多く，チミジンは基質特異性の低い，ヌクレオシドホスホトランスフェラーゼにより dTMP に変えられる．植物細胞にチミジンを与えると 90% 以上は分解され，dTMP にサルベージされるのはわずか 5% 程度である．また，チミジンは，DNA のみならず RNA 合成にもつかわれる．チミジンのメチル基を ^{3}H で標識したものをつかうのは，RNA に代謝された場合に標識されないように工夫されたためである．植物細胞では，投与したチミジンのごく一部しか DNA 合成につかわれない．それでは，なぜ DNA ポリメラーゼの基質である dTTP を直接細胞に投与しないのだろうか？　それは，ヌクレオチドは，特別な輸送体がある場合を除くと，細胞内に入っていかないためである．抗がん剤など医薬品にも，ヌクレオシドや塩基の形で投与し，体内のサルベージ酵素によりヌクレオチドに変換されてから機能を発揮できるものがある．

（芦原　坦）

第21講

プリン代謝

キーワード：プリンの *de novo* 経路　　サルベージ経路　　プリンヌクレオチド
　　　　　　ATP　　GTP　　ウレイド

　プリンヌクレオチドであるATPやGTPは，呼吸などのエネルギー生産系で，ADPやGDPからつくられるいわゆる高エネルギー化合物である．これらの物質は，エネルギーを必要とするさまざまな生体反応でつかわれる．また，これらのプリンヌクレオチドは，核酸(DNAとRNA)の基本骨格である．アデニンヌクレオチドは，NAD, NADP, FAD, CoAなどの補酵素の一部分でもある．プリンヌクレオチドの生合成には，複雑な反応を含む *de novo* 経路と，ヌクレオチドの分解の結果生じたヌクレオシドや塩基を再利用するサルベージ経路がある．プリンの分解は生物種により異なっている．ヒトなどの哺乳動物では尿酸までにしか分解できないが，植物は，NH_4^+, CO_2, グリオキシル酸にまで分解することができる．分解の中間産物であるアラントインは，マメ科植物などの窒素の輸送体となる．チャやコーヒーのような植物は，プリンヌクレオチドからカフェインなどのアルカロイドを合成する．

de novo 経路の反応

　プリンヌクレオチドは，PRPPが5-ホスホリボシルアミン（PRA）になる反応で，PRPPのピロリン酸部分がグルタミンのアミドNで置換される（図21.1, 反応①）．PRAのアミノ基にグリシンのカルボキシル基が結合し，グリシンアミドリボチド（GAR）ができる（反応②）．GARに10-ホルミル-THFが反応してGARのアミノ基がホルミル化され，ホルミルグリシンアミドリボチド（FGAR）ができる（反応③）．FGARにさらにグルタミンが反応し，ホルミルグリシンアミジンリボチド（FGAM）ができる（反応④）．ATPを使って縮合が起こり，5-アミノイミダゾールリボチド（AIR）ができ，プリンのイミダゾール環が完成する（反応⑤）．AIRに炭酸が固定され，4-カルボキシ5-アミドイミダゾールリボチド（CAIR）ができる（反応⑥）．アスパラギン酸が縮合し，5-アミノイミダゾール4-(*N*-スクシノカルボキサミド)リボチド（SACAIR）になる（反応⑦）．フマル酸が除去され，5-アミノイミダゾール4-カルボキサミドリボチド（AICAR）になる（反応⑧）．10-ホルミル-THFか

らホルミル基を供与され，5-ホルムアミノイミダゾール4-カルボキサミドリボチド（FAICAR）ができる（反応⑨）．FAICAR は，脱水により環が閉じて，最初のプリンヌクレオチドであるイノシン酸（IMP）ができる（反応⑩）．ここに示した，PRPP から IMP までの 10 段階の反応を，一般にプリンの *de novo* 生合成という．

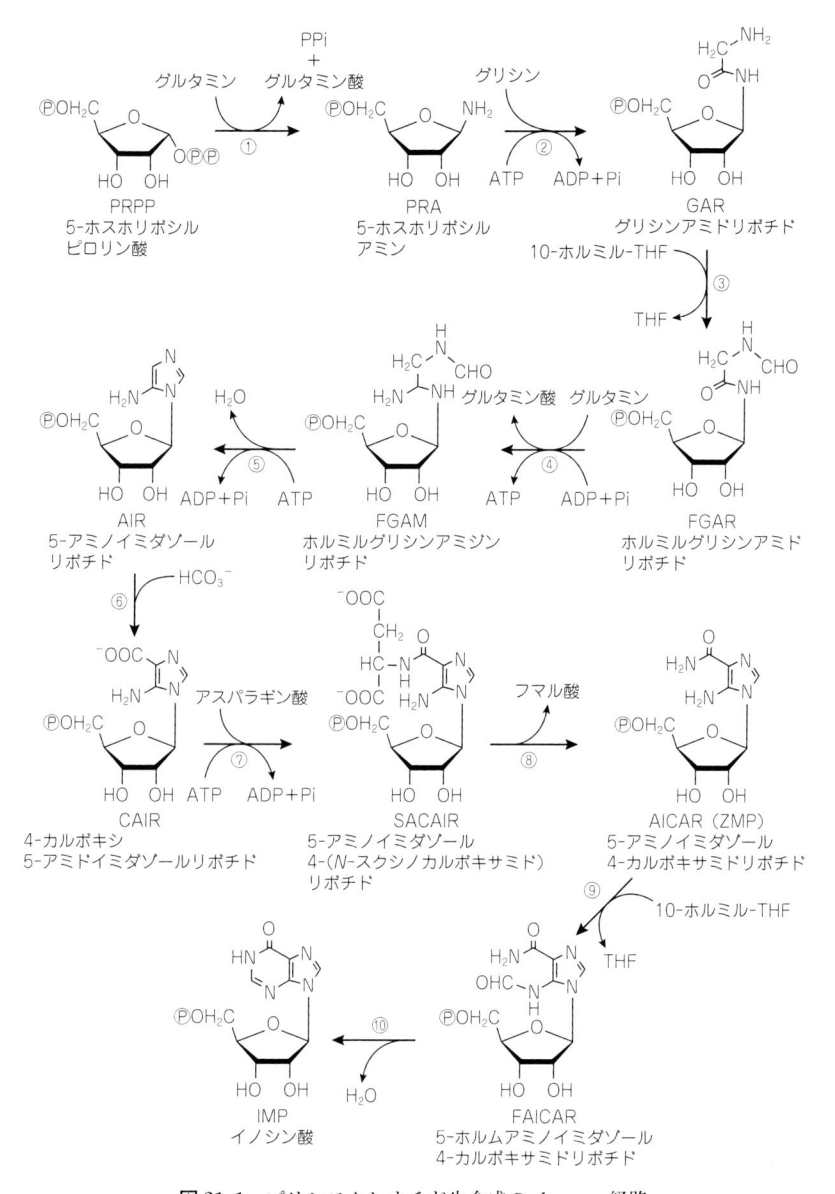

図 21.1 プリンヌクレオチド生合成の *de novo* 経路
① PRA シンターゼ，② GAR シンセターゼ，③ GAR ホルミルトランスフェラーゼ，④ FGAR アミドトランスフェラーゼ，⑤ AIR シンセターゼ，⑥ AIR カルボキシラーゼ，⑦ SAICAR シンセターゼ，⑧ SAICAR リアーゼ，⑨ AICAR ホルミルトランスフェラーゼ，⑩ IMP シンターゼ．

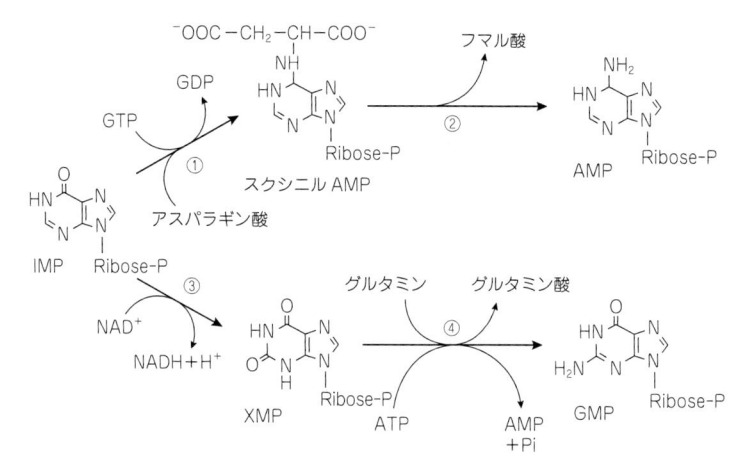

図 21.2 IMP からの AMP, GMP の生成
① アデニロコハク酸シンセターゼ，② アデニロコハク酸リアーゼ，③ IMP デヒドロゲナーゼ，④ GMP シンセターゼ．

プリンヌクレオチドの相互変換

プリンの *de novo* 生合成で生じた IMP は，AMP と GMP に変換される．AMP 合成の場合は，GTP を使い，アスパラギン酸を IMP のアミノ基に結合させ，アデニロコハク酸にした後に，フマル酸を除去してアミノ基を残し，AMP にする．GMP 合成の場合は，IMP を NAD$^+$ 依存のデヒドロゲナーゼで酸化して，キサントシンモノリン酸（XMP）にした後にグルタミンのアミド基を導入する（図 21.2）．AMP は，AMP デアミナーゼにより IMP に変換し，容易に GMP にすることができる．一方，GMP から AMP への変換は難しい．

プリンのサルベージ経路

アデノシン，グアノシン，イノシンなどのヌクレオシドがプリンヌクレオチドの分解産物として生じるが，これらを再利用する酵素には，アデノシンキナーゼとグアノシン・イノシンキナーゼがある．これらのヌクレオシドが，アデニン，グアニン，ヒポキサンチンなどの塩基にまで分解されると，アデニンホスホリボシルトランスフェラーゼとヒポキサンチン・グアニンホスホリボシルトランスフェラーゼで，PRPP のリボースリン酸部分が転移されて，AMP, GMP, IMP が再生される．これらの反応は，ピリミジンの場合と同様である（第 20 講）．

プリンの分解経路

プリンの分解経路は生物種により異なるが，植物は，アンモニアと二酸化炭素にまで完全に分解する経路を持っている．図 21.3 に示したように，アデニンヌクレオチドの場合，AMP は，AMP デアミナーゼで IMP になった後に，イノシン，ヒ

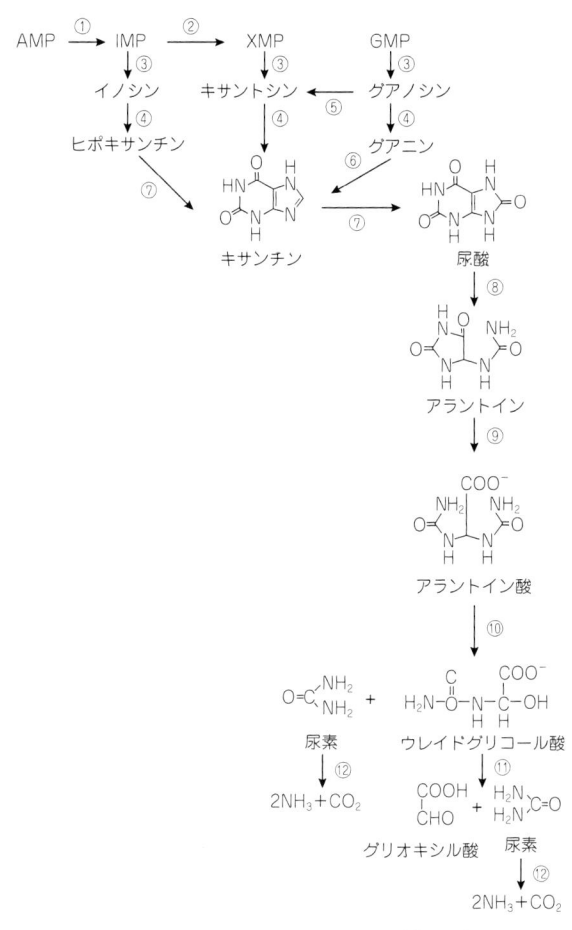

図 21.3 プリンヌクレオチドの分解経路
① AMP デアミナーゼ，② IMP デヒドロゲナーゼ，③ 5′-ヌクレオチダーゼ，④ ヌクレオシダーゼ，⑤ グアノシンデアミナーゼ，⑥ グアニンデアミナーゼ，⑦ キサンチンデヒドロゲナーゼ，⑧ ウリカーゼ，⑨ アラントイナーゼ，⑩ アラントイカーゼ，⑪ ウレイドグリコール酸ヒドロラーゼ，⑫ ウレアーゼ．

図 21.4 ジメチルアリルジリン酸とサイトカイニンの構造

ポキサンチンを経由してキサンチンになる．植物にはアデノシンデアミナーゼやアデニンデアミナーゼがないので，アデノシンやアデニンはそのままでは分解経路に流入できない．グアニンヌクレオチドの場合は，グアノシンやグアニンデアミナーゼによりアミノ基が除かれ，キサンチンができる．キサンチンから尿酸が合成される．さらにプリン環が壊れてアラントイン，アラントイン酸が生じる．アラントイン酸は分解され，グリオキシル酸と尿素ができ，尿素はウレアーゼにより二酸化炭素とアンモニアに分解される．植物によっては尿素を経由しない経路もあるが，最終的な生成物は同じである．アンモニアは，GS-GOGAT 経路でグルタミン酸になり，窒素化合物の合成につかわれる．

プリンヌクレオチド由来の二次代謝物質

プリン環を含む化合物には，植物ホルモンであるサイトカイニンがある（図 21.4）．ATP や ADP にジメチルアリルジリン酸（DMAPP）が結合し，イソペンテニルアデニンヌクレオチドができ，イソペンテニルアデノシンを経由してイソペンテニルアデニンになる．イソペンテニルアデニンからゼアチンが合成される．ゼ

アチンへの変換は，ヌクレオチドレベル，ヌクレオシドレベルでも起こる．チャ，コーヒーなどの植物では，カフェインなどのプリンアルカロイドができる．これらのアルカロイドは，キサントシンから合成される（第27講）．

========== Tea Time ==========

生物によるプリン分解系の多様性と生理学的意味

　プリンの分解系の最終産物は，生物種により異なっている．ヒトなどの霊長類では，尿酸が最終産物として排泄される．鳥類，陸生爬虫類，昆虫は，体内のアンモニアをわざわざプリンヌクレオチドにしてからこれを尿酸に分解して体外に排泄している．尿酸は水に溶けにくいので，結晶を少量の水分でペースト状にして排泄している．これらの生物では，体内の水の節約のためにプリンの合成と分解を行っている．ちなみにブキャナン（John Machlin Buchanan）らによるプリンの *de novo* 経路解明のための初期の研究では，最初にハトにいろいろな標識化合物を与えて，排泄される尿酸のラベルが調べられた．ハトではプリンの合成活性が高く，結晶となった尿酸を排泄するので，分析が容易であったからである．霊長類以外の哺乳類ではアラントイン，硬骨魚ではアラントイン酸が最終産物となり排泄される．軟骨魚，両生類では尿素まで，海生無脊椎動物ではアンモニアにまで分解されて排泄される．

　植物は，プリン化合物をアンモニアに分解することができる．分解の中間産物であるアラントインやアラントイン酸（これら尿素に派生する物質は，ウレイドと総称される）は，カエデ，トチノキ，ゼラニウムなどの植物（ウレイド植物）の窒素の貯蔵形態であり，転流の際に用いられる．ウレイドは，炭素原子に対する窒素原子の比が1であり，ほかの窒素化合物より大きいため，窒素の貯蔵を効率良く行うことができる．サトウカエデでは，転流窒素化合物のほとんどがウレイドである．ダイズ，ササゲなどの熱帯由来のマメ科植物では，根粒で固定された窒素はプリンの合成経路で代謝され，生じたウレイドが葉に転流される．ウレイドは成長部に到着するとアンモニアに分解され，GS-GOGAT経路でアミノ酸に取り込まれて利用される．生物は，プリンの分解物をさまざまな形で利用しており興味深い．

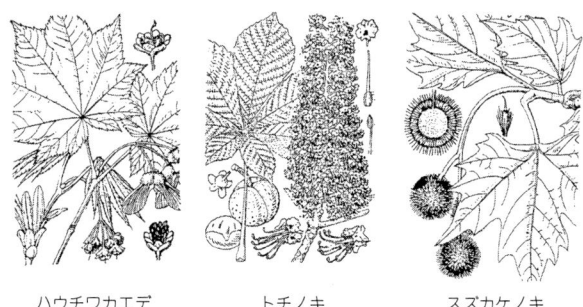

ハウチワカエデ　　トチノキ　　スズカケノキ

図21.5　ウレイド植物（前川ほか，1961）
カエデ，トチノキはアラントイン酸，スズカケノキはアラントインを貯蔵・転流する．

（芦原　坦）

第22講

ピリジン（ニコチンアミド）代謝

キーワード：NAD　　NADP　　ニコチンアミド　　ニコチン酸　　*de novo* 経路
サルベージ経路　　ピリジンヌクレオチドサイクル
ピリジンアルカロイド

　ピリジンヌクレオチドとは，NAD や NADP の構成成分であるニコチンアミドヌクレオチドを意味する．ニコチンアミドは，ピリジン環を持つためにこのように呼ばれるが，第 20 講のピリミジンと名称が似ているので注意してほしい．NAD や NADP は，すでに何回も出てきている通り，多くの酸化・還元反応に使われる補酵素である．さらに，NAD や NADP は，シグナル伝達系でも重要な働きをしていることが分かりつつある．ピリジンヌクレオチドも，ピリミジン，プリンヌクレオチドと同様に，*de novo* 合成経路とサルベージ経路によりつくられる．しかし，植物の経路は動物のものとはかなり異なっている．NAD の分解物であるニコチン酸は，ニコチンなど，ピリジンアルカロイドの合成基質となる．

NAD の化学構造

　NAD や NADP は，ニコチンアミドとアデニンを含むヌクレオチドである．これらは，一般に補酵素と呼ばれているが，常に酵素に結合しているわけではなく，反応時に一時的に酵素分子に付くので，酵素の基質と考えることもできる．酸化型（NAD^+）から還元型（NADH）への変換は，ピリジン環の C-4 位への H の付加によって起こる（第 1 講，図 1.1）．

ピリジンヌクレオチドの *de novo* 合成

　ピリジンヌクレオチドの *de novo* 合成経路は 2 つある．1 つはアスパラギン酸から NAD を生成する経路であり，もう 1 つは，トリプトファンからキヌレニンを経由する生合成経路である．どちらの経路でも，中間産物としてキノリン酸ができる．前者は植物や細菌，後者は動物の肝臓で見られる．植物に見られるアスパラギン酸経路では，アスパラギン酸が α-イミノコハク酸に変わり（図 22.1，反応①），これにグリセルアルデヒド 3-リン酸が縮合してキノリン酸ができる（反応②）．キノ

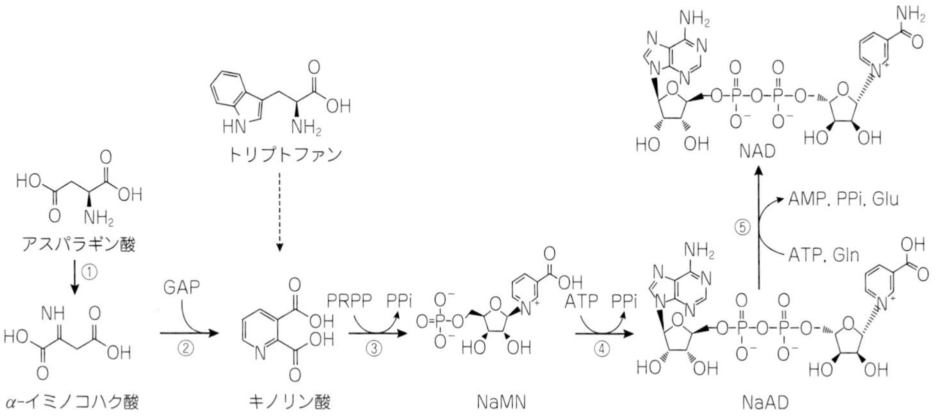

図22.1 植物のピリジンヌクレオチドの *de novo* 合成経路
① アスパラギン酸オキシダーゼ，② キノリン酸シンターゼ，③ キノリン酸ホスホリボシルトランスフェラーゼ，④ ニコチン酸モノヌクレオチドアデニニルトランスフェラーゼ，⑤ NADシンターゼ．

リン酸にPRPPからのリボースリン酸が付加して，ニコチン酸モノヌクレオチド（NaMN）が生成される（反応③）．次の反応で，ATPのAMP部分がピロリン酸結合をして，ニコチン酸アデニンジヌクレオチド（NaAD）ができ（反応④），最後に，グルタミンのアミドが供与されNADができる（反応⑤）．NADのアデノシン側のC-5′位に，NADキナーゼによってリン酸が付加するとNADPになる．植物では，ピリジンヌクレオチドの *de novo* 経路はプラスチドにある．なお，ピリジンヌクレオチドの略号では，Nはニコチンアミド，Naはニコチン酸を意味している．窒素やナトリウムのことではないので間違えないでほしい．

ピリジンヌクレオチドサイクル

NADの分解とその分解物のサルベージ経路は，ピリジンヌクレオチドサイクルと呼ばれている．このサイクルは，生物種により異なる．植物のピリジンヌクレオチドサイクルの主要経路を図22.2に示した．NADは，ADP-リボースがタンパク質に転移したり，ポリ（ADP-リボース）の合成につかわれたりすると，ニコチンアミドが遊離する（反応①）．また，植物では，NADのAMP部分が外れてニコチンアミドモノヌクレオチド（NMN）ができ（反応②），リン酸基が除去され（反応③），リボースが外れてニコチンアミドができる（反応④）．NADの分解産物であるニコチンアミドは，動物では直ちにニコチンアミドホスホリボシルトランスフェラーゼでサルベージされてNMNになるが，植物にはこの酵素はなく，ニコチンアミドはニコチンアミダーゼによりニコチン酸に変換された後に，サルベージされ，NaMNができる．これは，*de novo* 経路のところで述べた反応で，NAD合成につかわれる．

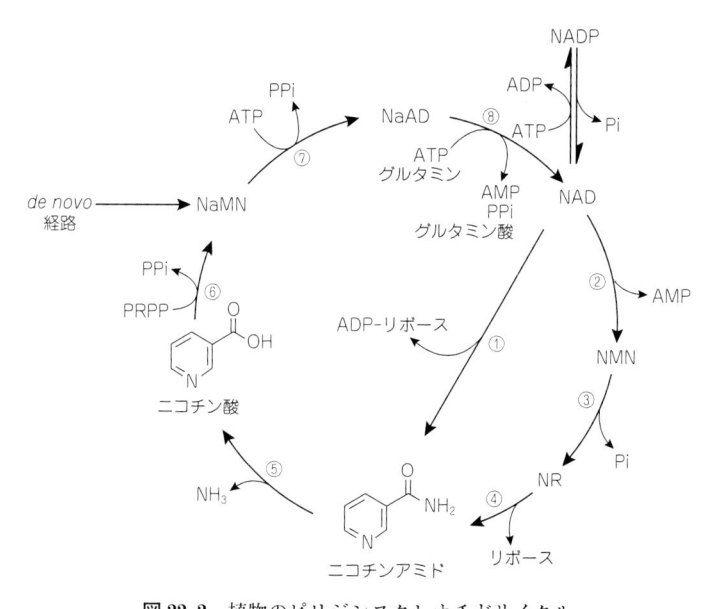

図 22.2 植物のピリジンヌクレオチドサイクル
① ポリ（ADP-リボース）ポリメラーゼ，NAD 依存デアセチラーゼなど，② NAD ピロホスファターゼ，③ 5′-ヌクレオチダーゼ，④ ニコチンアミドリボシドヌクレオシダーゼ，⑤ ニコチンアミダーゼ，⑥ ニコチン酸ホスホリボシルトランスフェラーゼ，⑦ ニコチン酸モノヌクレオチドアデニニルトランスフェラーゼ，⑧ NAD シンターゼ．

ピリジンヌクレオチド由来の二次代謝産物

　ニコチン酸由来の二次代謝産物で，よく知られているものはニコチンである．ニコチンは，ニコチン酸由来のピリジン環に，オルニチン由来のピロリジン環が結合した構造を持つアルカロイドである（第 27 講）．ヒマ（トウゴマ）の種子に見られるリシニンも，毒性のあるピリジンアルカロイドである．多くの植物で，ニコチン酸はトリゴネリンまたはニコチン酸グルコシドに変換される（図 22.3）．これらは，ニコチン酸の窒素原子にメチル基あるいはグルコースが付加したもので，ニコチン酸抱合体と呼ばれている．トリゴネリンは，マメ科植物やコーヒーの種子に多量に含まれているが，細胞周期を G_2 期で停止させることのほかに，ムラサキウマゴヤシ根粒菌が宿主を認識するための物質，クサネムの葉の就眠運動（葉を閉じる）の誘発物質，ダイズの塩ストレスに対する適合溶質など多彩な役割についての報告がある．トリゴネリンは，動物には毒作用があり，ネコがトリゴネリンを含むオシロイバナを食べると中毒するそうである．コーヒー種子のトリゴネリンは焙煎中に分解され，ニコチン酸や香

図 22.3 ニコチン酸抱合体の合成
① ニコチン酸 N-メチルトランスフェラーゼ，② ニコチン酸 N-グルコシルトランスフェラーゼ．

り成分へと変換される．

=== Tea Time ===

NADPレベルの増加は植物の代謝や機能にどのような影響を与えるか

　最近，特定の遺伝子を過剰発現させた形質転換植物体を用いて，代謝の機能を調べる実験が頻繁に行われている．ここでは，その例を1つあげてみよう．すでに述べたように，NADキナーゼはNADをNADPにする酵素である．NADは主に異化反応でつかわれるのに対して，NADPはカルビン・ベンソン回路や種々の生合成反応，また，酸化ストレスを防ぐ働きをしている．植物では，NADキナーゼはサイトゾルと葉緑体にある．イネに葉緑体のNADキナーゼの遺伝子を導入し，常にこの酵素が発現するようにした組換え体では，どのようなことが起こるだろうか．予想されるように，この組換え体では，NADキナーゼの活性が約2倍に増加し，NADPの量は30%程度増加した．一方，NADやNAD合成の中間産物の量は変わらなかった．葉に含まれる一次代謝産物をキャピラリー電気泳動質量分析で包括的に解析した結果，個体によりばらつきはあるが，グルタミン酸，グルタミン，アスパラギン酸，アスパラギン，アルギニン，セリン，スレオニン，チロシン，イソロイシンなどの遊離アミノ酸と，RuBP，DHAP，リボース5-リン酸の量が変異体の葉で高かった．一方，G6PやPEP，リンゴ酸などの量は減っており，有機酸の量には差がなかった．これらの変化は，統計処理によって分かる程度の差なので，このデータだけから，代謝系のどの反応がNADP増加の影響を受けるかを決定することは難しいが，形質転換植物では光合成の電子伝達系が活性化され，炭酸同化量も増加すること，さらに酸化ストレスに対する応答も勝っていることが分かった．これらの結果は，NADPの量自体の変化が，光合成活性やアミノ酸代謝に影響を持つことを示しており，NADキナーゼの遺伝子操作でストレス耐性を持ち，品質の良いイネを作ることができるかもしれないことを示している．

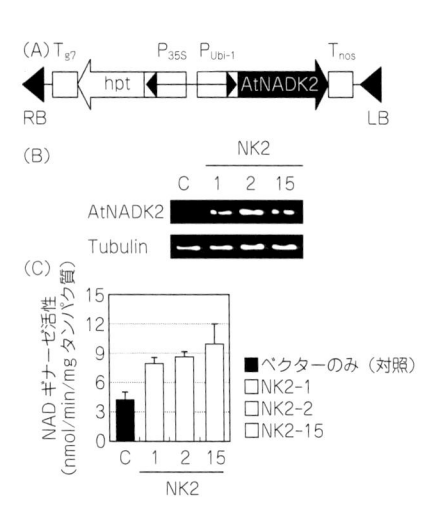

図 22.4　シロイヌナズナのNADキナーゼ遺伝子（*AtNADK2*）を過剰発現させたイネの組換え植物（Takaharaほか，2010を改変）．
(A) キメラ遺伝子の構造，(B) *AtNAD2*の発現，(C) NADキナーゼの活性．NK2-1，NK2-2，NK2-15の3系統の組換え体のデータを示した．

（芦原　坦）

第23講

硫酸同化

キーワード：硫酸イオン　メチオニン　システイン　グルタチオン　グルコシノレート

　植物に含まれる硫黄原子の量は，ほかの原子に比べると決して多くはない．しかし，硫黄を含むアミノ酸としてシステインとメチオニンが存在する．システインのSH基はタンパク質のジスルフィド結合を形成するが，SH基はチオレドキシンやグルタチオンのような還元物質にも存在し，酵素の活性化などに働いている．コエンザイムAとアセチル基やマロニル基との結合は，硫黄原子を含むチオール結合である．また，硫黄原子は，光合成の電子伝達系に働く電子受容体の鉄-硫黄クラスターの構成原子として機能する．このように，硫黄を含む化合物は，植物の代謝系のさまざまな場面で重要な役割を果たしている．

硫酸イオンからシステインへ

　植物は通常，硫黄を硫酸イオン（SO_4^{2-}）として取り込む．気孔から取り込んだ大気中の亜硫酸ガス（SO_2）も利用することができる．図23.1に細胞内での硫酸同化と関連化合物の代謝の概略を示す．硫酸同化は葉緑体で進行し，システインは葉緑体内で合成される．しかし，もう1つの含硫アミノ酸であるメチオニンは，サイトゾルで合成される．

　図23.2に硫酸イオンからシステインまでの合成経路を示す．硫酸イオンは硫化物イオン（S^{2-}）にまで還元されなければならない．硫酸イオンは安定な化合物であるため，活性化されないと反応が進まない．細胞内に取り込まれた硫酸イオンは，葉緑体の包膜に存在する硫酸イオントランスポーターにより葉緑体内部に輸送され，ATPスルフリラーゼの働きにより活性化されて，アデノシン-5′-ホスホ硫酸（APS）になる．

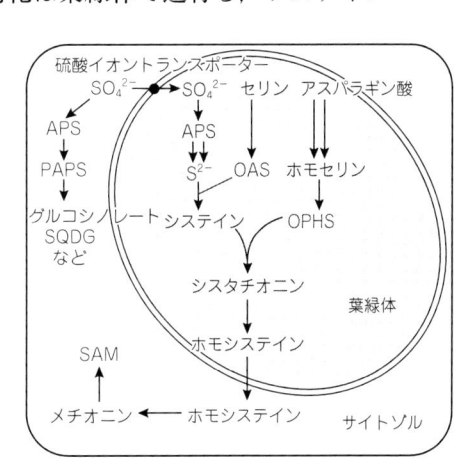

図23.1 細胞内での硫酸同化と関連化合物の生合成系の概略（Hesse and Hoefgen, 2003を改変）

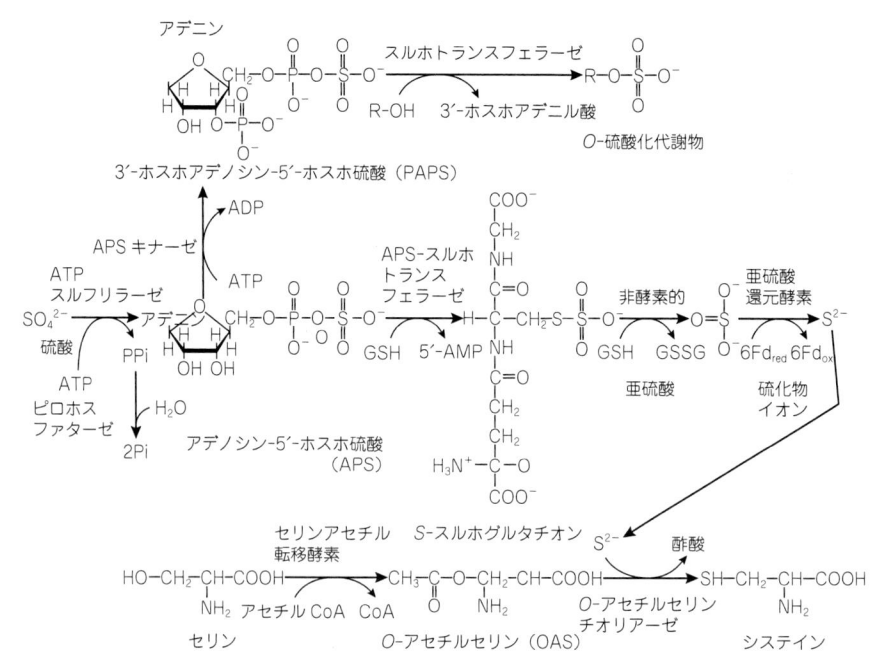

図23.2 硫酸イオンからシステインへの代謝経路（Taiz and Zeiger を改変）

　このときに副産物としてピロリン酸が生成する．この反応は熱力学的に不利であるが，生成したピロリン酸は葉緑体内のピロホスファターゼによりすぐに分解されるので，ATP スルフリラーゼの反応は APS の合成方向に進むことができる．APS は APS リダクターゼ（APS スルホトランスフェラーゼ）の働きで，グルタチオンのチオール基を還元剤として作用させることによって，亜硫酸イオン（SO_3^{2-}）に変換される．亜硫酸イオンは，亜硫酸リダクターゼにより還元剤としてフェレドキシンを用いて硫化物イオン（S^{2-}）に還元される．

　硫化物イオン（S^{2-}）は，O-アセチルセリンチオールリアーゼ（システイン合成酵素）により O-アセチルセリン（OAS）と反応し，システインとなる．このときの基質である O-アセチルセリンは，セリンアセチル転移酵素によりアセチル CoA のアセチル基をセリンに転移することによってつくられる．葉緑体の O-アセチルセリンチオールリアーゼの活性は，セリンアセチル転移酵素のおよそ 300 倍存在する．O-アセチルセリンの供給が，システイン合成速度を調節していると考えられる．また，興味深いことに，この 2 つの酵素は結合して複合体をつくることが知られている．硫化物イオンは複合体の生成を促進し，O-アセチルセリンは複合体の解離を促進する．セリンアセチル転移酵素は複合体の状態で働き，O-アセチルセリンチオールリアーゼは複合体の状態では働かない．このように，2 つの酵素が複合体を作ることによって活性を調節し，システイン生合成を制御している．また，硫酸イオンからシステインが生成するまでの反応は連続して進行し，中間産物である毒性を有する亜硫酸イオンや硫化物イオンの細胞内濃度が低く抑えられているこ

図23.3 グルコシノレートの一般式
分子内に還元型と酸化型の硫黄原子を持つ．

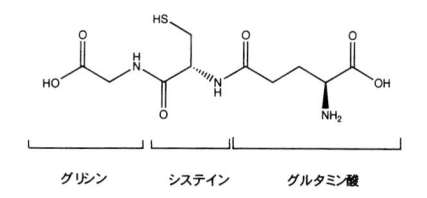

図23.4 グルタチオンの構造
グリシンとシステインはα-ペプチド結合．システインとグルタミン酸はγ-ペプチド結合である．

とも，この代謝経路の特徴である．

アミノ酸以外の含硫化合物の合成

サイトゾルでも硫酸イオンからAPSが合成される．このAPSは3′-ホスホアデノシン-5′-ホスホ硫酸（PAPS）に代謝される．APSからPAPSへの変換は，APSキナーゼにより，ATPのリン酸基を用いてAPSのリボースをリン酸化することによって行われる．細菌においては，PAPSを経由してPAPSレダクターゼにより亜硫酸イオンを生成する経路が，硫酸代謝の主経路であることが知られているが，高等植物では，生じたPAPSがスルホトランスフェラーゼの働きによって硫酸基をさまざまな化合物に転移する．この経路によって，スルホキノボシルジアシルグリセロールの極性基（第15講）やグルコシノレート（図23.3），グルタチオン（図23.4）などが合成される．グルコシノレートは，アブラナ科植物に存在する，グルコースを結合した含硫化合物である（第17講 Tea Time 参照）．植物種によって特有のグルコシノレートを持つことが知られている．細胞が破壊されると，液胞中に蓄積されていたグルコシノレートは分解酵素であるミロシナーゼと接触し，加水分解され，揮発性物質が生成される．この反応は，植物が捕食者や病原菌から身を守る防御機構の1つと考えられている．グルタチオンはγ-グルタミルシステインシンテターゼによりグルタミン酸とシステインが結合して，γ-グルタミルシステインが生成した後に，グルタチオンシンテターゼによりグリシンが結合したトリペプチドである．グルタチオンは還元物質としてさまざまな代謝系に関与する．2〜11個のγ-グルタミルシステインがグリシンと結合した一般式（γ-Glu-Cys)$_n$-Gly で表すことができるファイトケラチンは，重金属イオンと結合し，解毒化に関与する．

システインからメチオニンへ

システインからもう1つの含硫アミノ酸であるメチオニンが合成される（図23.5）．システインは，シスタチオニンγ-シンターゼによってO-ホスホホモセリンと反応し，シスタチオニンとなる．シスタチオニンはシスタチオニンβ-リアーゼによりホモシステインを生じる．次に，メチオニンシンターゼによってメチルテ

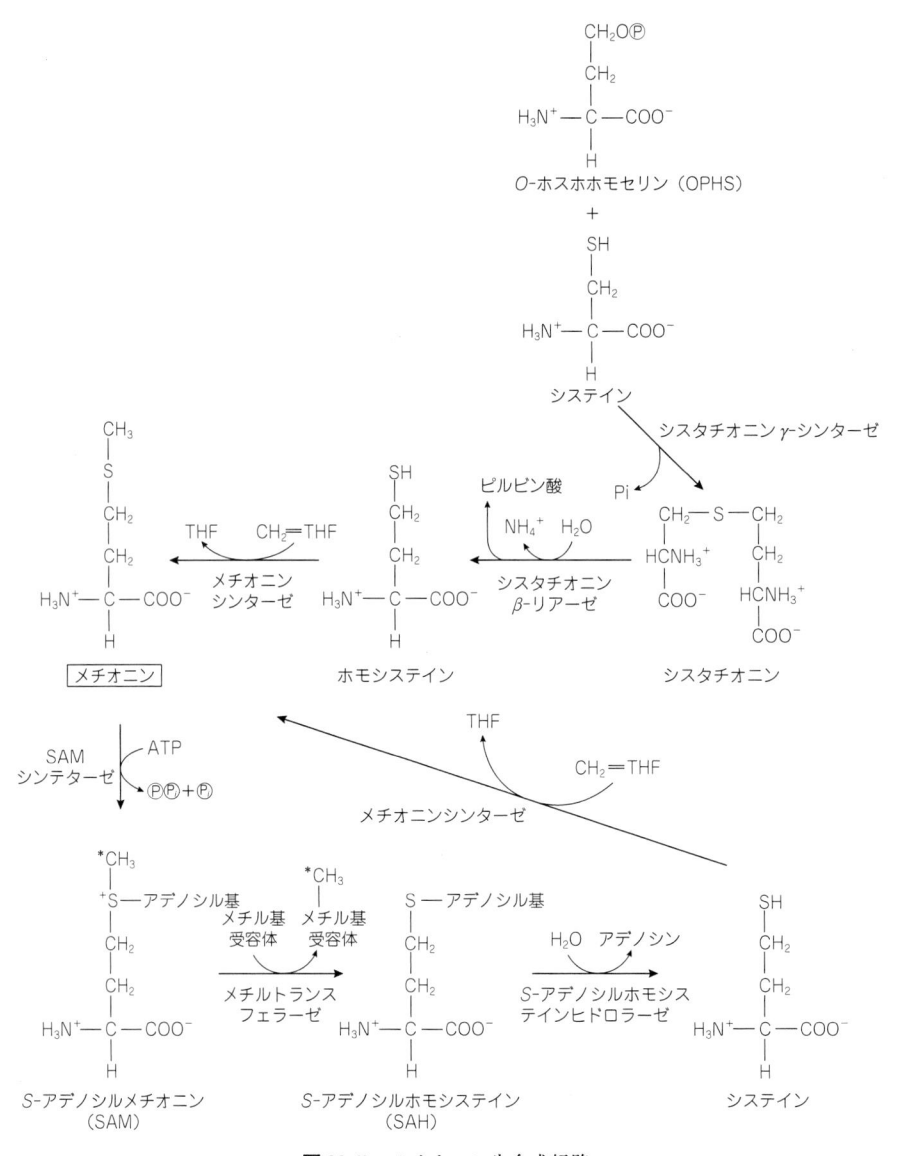

図 23.5 メチオニン生合成経路
THF：テトラヒドロ葉酸．SAM から SAH の反応を触媒するメチルトランスフェラーゼは，細胞内でメチル化を行う酵素の総称として表示している．

トラヒドロ葉酸のメチル基がホモシステインに転移され，メチオニンが生成される．メチオニンからは，生体内のメチル化反応の際のメチル基供与体として機能する S-アデノシルメチオニン（SAM）が，SAM シンテターゼにより合成される．メチルトランスフェラーゼにより SAM からメチル基がメチル基受容体に転移されると，SAM は S-アデノシルホモシステイン（SAH）となる．SAH は SAH ヒドロラーゼとメチオニンシンターゼの働きにより，メチオニンに再合成される．

地球上の硫黄循環

地球における硫黄循環には，海洋の微細藻類が重要な役割を果たしている（図23.6）．海洋に生息する微細藻類の中には，ジメチルスルホニオプロピオネート（DMSP）という，硫黄を含む化合物を大量に生産する種がある．DMSPは，適合溶質として細胞内の浸透圧調整を行ったり，捕食から身を守るための防御物質として合成されると考えられている．DMSPはジメチルスルフィド（DMS）という揮発性物質に変換される．DMSは大気中で，ジメチルスルホキシド（DMSO）に酸化され，さらに亜硫酸イオン，硫酸イオンにまで酸化される．硫酸イオンは水滴を形成する核となり，雲が作られる．この硫酸イオンは雨と共に，海や陸に戻る．

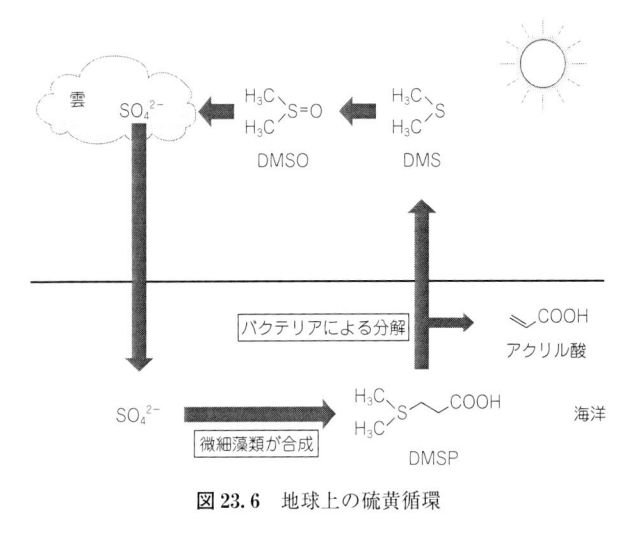

図23.6 地球上の硫黄循環

=== Tea Time ===

ウールと含硫アミノ酸

マメ科植物の種子には，高い割合でタンパク質が含まれていることがよく知られている．一般的なマメ科植物の種子には，乾燥重量の20～25%のタンパク質が含まれる．このタンパク質の多くは，貯蔵タンパク質である．高タンパク質の豆は栄養価の高い食品の1つであるが，穀類に含まれる貯蔵タンパク質に比べると，メチオニンやシステインといった硫黄原子を含む含硫アミノ酸が少ないという欠点がある．そのため，マメ科植物の種子の含硫アミノ酸量を増加させる研究が行われている．例えば，ヒマワリ種子に含まれるアルブミンというタンパク質は，メチオニンを多く含んでいる．このアルブミンをコードする遺伝子を，牧草であるルピナスに導入し発現させることによって，ルピナスの種子のメチオニン含有量を約2倍に増加させることに成功している（Molvig *et al.*, 1997）．このメチオニン含量を高めたルピナスの種子を6週間，羊に飼料として与えたところ，野生型の種子を与えた羊よりもウールの収率が増加した（White *et al.*, 2000）．ウールの主成分はケラチンという含硫アミノ酸を多く含むタンパク質なので，飼料にこれらのアミノ酸を含むことが羊毛の増産につながると考えられる．

（加藤美砂子）

第24講

テルペノイド生合成

キーワード：MEP 経路　　メバロン酸経路　　IPP（イソペンテニルピロリン酸）　　カロテノイド

　植物から水蒸気蒸留によって得られる揮発性成分である精油は，古くから香料として利用されてきた．精油に含まれる化合物の多くはテルペノイドである．テルペノイドという名前は，マツのテレピン油からテルペノイド化合物が分離されたことに由来している．

テルペノイドの構造

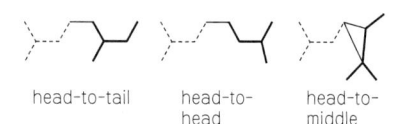

　テルペノイドは，炭素数5個（C_5）のイソプレン単位から構成されている．テルペノイドを高温によって分解するとイソプレンが生成するため，C_5のユニットをイソプレン単位と呼んでいる．イソプレン単位は，図24.1に示すようにhead-to-tail，head-to-head，head-to-middle の3種

図 24.1　イソプレン単位と結合
イソプレン単位の結合には3種類ある．

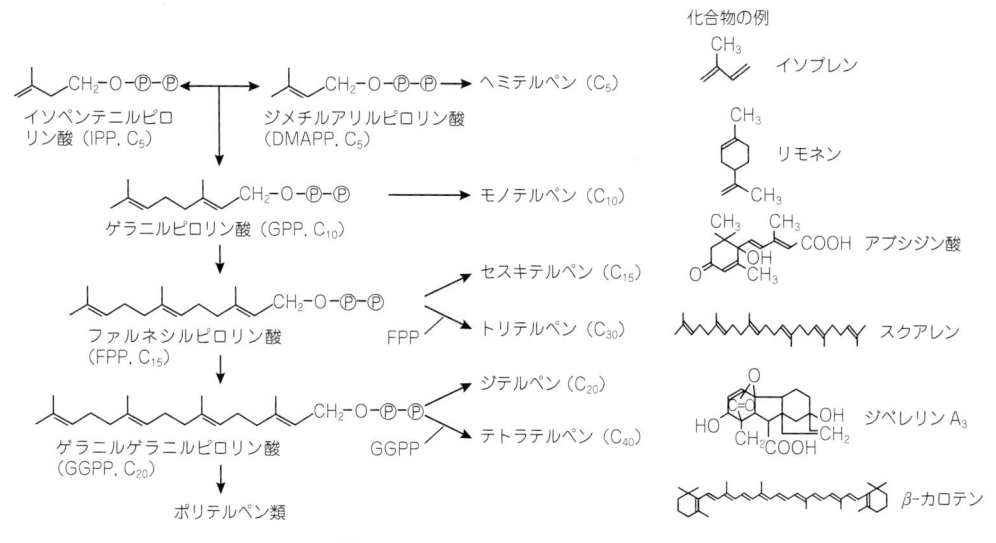

図 24.2　テルペノイド生合成の概略

類の結合方式のいずれかによりつながり，多彩な構造を生み出している．このようにC$_5$のイソプレン単位がつながるために，テルペノイドの基本骨格を構成する炭素数は5の倍数となる．テルペノイドは炭素原子の数によって分類され，ヘミテルペン（C$_5$），モノテルペン（C$_{10}$），セスキテルペン（C$_{15}$），ジテルペン（C$_{20}$），トリテルペン（C$_{30}$），テトラテルペン（C$_{40}$）などがある（図24.2）．

イソペンテニルピロリン酸（IPP）の生合成

テルペノイドを構成しているのはイソプレン単位であるが，イソプレンはテルペ

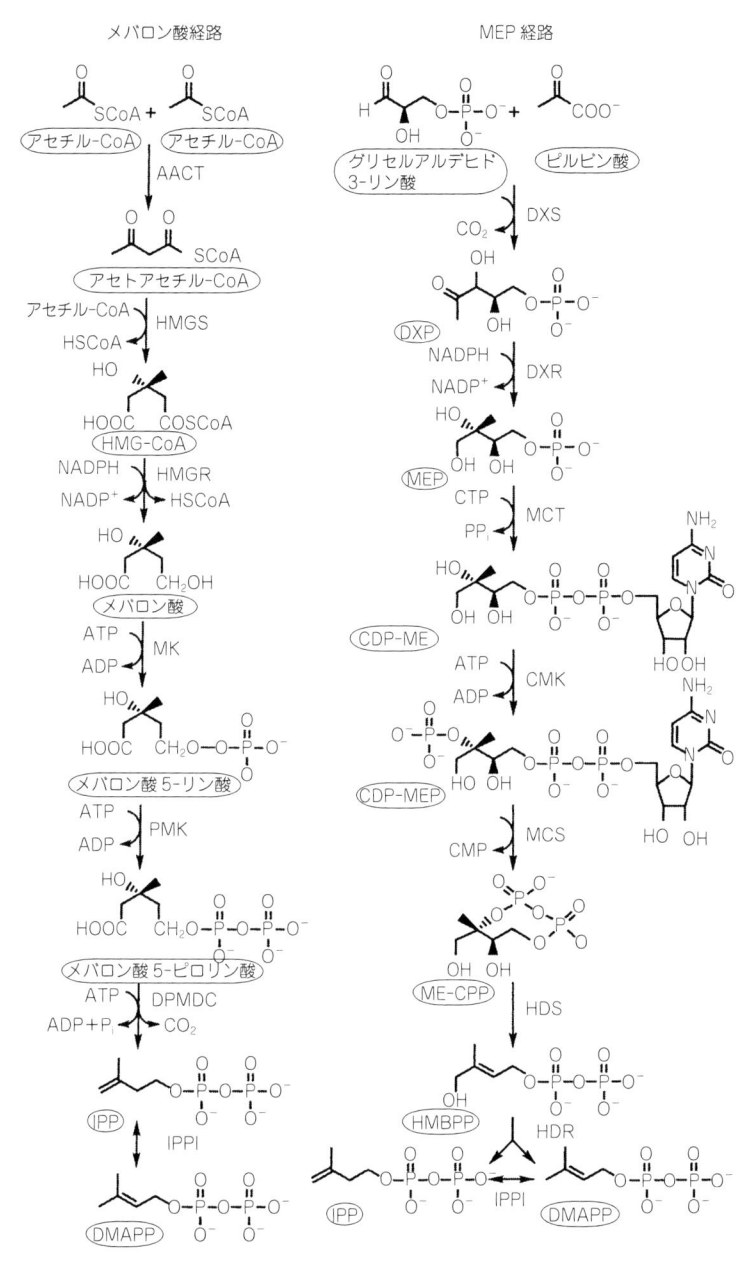

図24.3　メバロン酸経路とMEP経路
AACT：アセトアセチルCoAチオラーゼ，
HMGS：3-ヒドロキシ-3-メチルグルタリルCoAシンターゼ，
HMGR：3-ヒドロキシ-3-メチルグルタリルCoAレダクターゼ，
MK：メバロン酸キナーゼ，
PMK：メバロン酸5-リン酸キナーゼ，
DPMDC：メバロン酸5-リン酸デカルボキシキラーゼ，
IPPI：IPP-DMAPPイソメラーゼ，
DXS：1-デオキシ-D-キシルロース5-リン酸シンターゼ，
DXR：1-デオキシ-D-キシルロース5-リン酸レダクトイソメラーゼ，
MCT：2-C-メチル-D-エリスリトール4-リン酸シチジルトランスフェラーゼ，
CMK：4-(シチジン5'-ジホスホ)-2-C-メチル-D-エリスリトールキナーゼ，
MCS：2-C-メチル-D-エリスリトール2,4-シクロジリン酸シンターゼ，
HDS：1-ヒドロキシ-2-メチル-2-(E)-ブチニル4-ビスリン酸シンターゼ，
HDR：1-ヒドロキシ-2-メチル-2-(E)-ブテニル4-ジリン酸レダクターゼ，
HMG-CoA：3-ヒドロキシ-3-メチルグルタリルCoA，
DXP：1-デオキシ-D-キシルロース5-リン酸，
MEP：2-C-メチル-D-エリスリトール4-リン酸，
CDP-ME：4-(シチジン5'-ジホスホ)-2-C-メチル-D-エリスリトール，
CDP-MEP：2-ホスホ-4-(シチジン5'-ジホスホ)-2-C-メチル-D-エリスリトール，
ME-CPP：2-C-メチル-D-エリスリトール2,4-シクロピロリン酸，
HMBPP：1-ヒドロキシ-2-メチル-(E)-ブテニル4-リン酸，
DMAPP：ジメチルアリルピロリン酸．

ノイドの前駆体とはならない．イソペンテニルピロリン酸（IPP）という C_5 化合物が，テルペノイドの前駆体である．この IPP の合成経路には 2 種類あることが知られている．1 つはサイトゾルに存在するメバロン酸経路，もう 1 つは葉緑体に存在する MEP 経路である．この 2 つの生合成経路を図 24.3 に示す．メバロン酸経路では，出発物質はアセチル CoA である．アセチル CoA から 3-ヒドロキシ-3-メチルグルタリル CoA（HMG-CoA）を経由してメバロン酸ができ，2 回のキナーゼ反応によってメバロン酸にピロリン酸が付加され，さらに脱炭酸されて IPP が生成する．HMG-CoA からメバロン酸を合成する HMG-CoA レダクターゼは，動物細胞ではコレステロール生合成を制御することで知られていて，この酵素の阻害剤はコレステロールの産生を抑える薬品として用いられている．もう 1 つの MEP 経路の出発物質は，グリセルアルデヒド 3-リン酸とピルビン酸である．チアミンに依存する反応によりピルビン酸の炭素原子 2 個がグリセルアルデヒド 3-リン酸に結合し，1-デオキシ-D-キシルロース 5-リン酸（DXP）が生成する．DXP は中間体を経て 2-*C*-メチルエリスリトール 4-リン酸（MEP）となり，CTP と反応した後に，ATP によりリン酸化される．その後，環化し，CMP が失われて，2-*C*-メチル-D-エリスリトール 2,4-シクロピロリン酸を経て IPP となる．MEP 経路の反応に関与する酵素反応の詳細は，まだ完全には解明されていない．高等植物ではサイトゾルのメバロン酸経路から合成された IPP が，ステロールやユビキノンなどの合成に使われる．葉緑体の MEP 経路でつくられた IPP からは，カロテノイドやクロロフィルの側鎖となるフィトール，植物ホルモンであるジベレリン，アブシジン酸，ブラシノステロイドおよびサイトカイニンの側鎖が合成される．

IPP から多彩なテルペノイドへ

IPP はテルペノイドの最初の前駆体であり，かつ，伸長反応にもつかわれる．IPP は，IPP イソメラーゼによって異性化され，ジメチルアリルピロリン酸（DMAPP）となる．IPP は DMAPP と結合し，C_{10} のゲラニルピロリン酸（GPP）となる．IPP がさらに結合すると C_{15} のファルネシルピロリン酸（FPP），C_{20} のゲラニルゲラニルピロリン酸（GGPP）となる．これらの C5 ユニットを付加する反応を触媒する酵素は，プレニルトランスフェラーゼと総称される．あるいは，個々の反応に由来して GPP シンターゼ，FPP シンターゼ，GGPP シンターゼと呼ばれる場合もある．テルペノイドの炭素数は C5 ユニットずつの伸長とは限らず，2 分子の FPP が結合してトリテルペン（C_{30}），2 分子の GGPP が結合してテトラテルペン（C_{40}）になる．これ以上の炭素数を持つテルペノイドは，ポリテルペンと呼ばれる．

ヘミテルペン（C_5）は種類が少ないが，例えば，イソプレンがあげられる．イソプレンはポプラやナラなどの樹木の葉から放出され，葉の耐熱性に関与することが

知られている．モノテルペン（C_{10}）には，柑橘類に含まれるリモネン，ハッカのメントール，ゼラニウムのゲラニオールをはじめとする精油成分が多い．リモネンやメントールなどは環状構造を持つ．環状構造を生成するプレニルトランスフェラーゼはシクラーゼと呼ばれている．セスキテルペン（C_{15}）には，植物ホルモンのアブシジン酸やバラに含まれるファルネソールなどがある．ジテルペン（C_{20}）には，植物ホルモンのジベレリン，クロロフィルの側鎖であるフィトールなどがある．トリテルペン（C_{30}）には，スクアレンがある．スクアレンを経由して，ステロールが合成される．テトラテルペン（C_{40}）としては，β-カロテンやフィトエンなどのカロテノイドがある．カロテノイドは光合成に関与する色素である．ポリテルペンとしては，ゴムがあげられる．精油成分に含まれる揮発性のテルペノイドには，捕食から身を守る防御物質や，受粉を媒介する生物の誘引物質と考えられているものが多い．

=================== Tea Time ===================

植物の枝分かれを抑えるストリゴラクトン

植物種ごとに枝分かれ（分げつ）のパターンはおよそ決まっている．枝分かれは，植物の腋芽が伸長してつくられる．通常は頂芽優勢であり，腋芽は休眠状態に置かれている．長い間，この頂芽優勢という現象に関与するのは，オーキシンとサイトカイニンの2つの植物ホルモンだと考えられてきた．しかし，枝分かれが過剰に形成される突然変異体の解析から，新しい植物ホルモンであるストリゴラクトンが植物の枝分かれを抑制していることが，2008年に報告された．ストリゴラクトン（strigolactone）は図24.4に示すように，2つのラクトン環がエノールエーテルで架橋された特徴的な構造を持つ．ストリゴラクトンはC_{40}のテトラテルペンであるカロテノイドの開裂産物からつくられると推定されている．この反応に関与する2種類の酵素が同定されていて，これらが葉緑体に局在することも証明されている．しかし，生合成経路の詳細は解明されておらず，今後の研究の進展が期待される．

図24.4 ストリゴラクトンの1種である5-デオキシストリゴールの構造

（加藤美砂子）

第 25 講

クロロフィル生合成

キーワード：5-アミノレブリン酸　テトラピロール　クロロフィル a　ポルフィリン環

　クロロフィルは，葉緑体の膜上でタンパク質と結合した状態で存在する光合成色素である．クロロフィルが光エネルギーを捕捉し，電位を発生することにより，細胞の中で光エネルギーを化学エネルギーに変換することを可能にした．その結果，独立栄養型の植物が出現し，地球の生命体を支える源となった．クロロフィルの生合成は，グルタミン酸から5-アミノレブリン酸（δ-アミノレブリン酸，ALA）を合成する過程，ALAからクロロフィル a を合成する過程，クロロフィル a からクロロフィル b を合成する過程からなる．

クロロフィルの構造と種類

　藻類やシアノバクテリアを含む植物は，光合成色素としてクロロフィルを持つ．光合成細菌に含まれるクロロフィルは，バクテリオクロロフィルと呼ばれている．クロロフィルの基本構造は，窒素原子を含む五員環のピロール誘導体が4つ結合して環状となったテトラピロール構造と5番目のシクロペンタノン環を持ち，中心にはマグネシウム原子が配位されている．このようなクロリン骨格を持つクロロフィル a, b, d のD環のC-18位のプロピオニル基には，フィトール鎖がエステル結合している（図25.1）．

　クロロフィル a は光合成において中心的な役割を果たす色素であり，植物に共通に含まれるクロロフィルである．クロロフィル a のB環のメチル基がホルミル基に置換されるとクロロフィル b，A環のビニル基がホルミル基に転換されるとクロロフィル d となる．クロロフィル b は陸上植物や緑藻，原核緑藻などに存在する．クロロフィル d を持つ生物としては，アカリオクロリスが知られている（Tea Time参照）．クロロフィル c はハプト藻や褐藻などの黄色植物に存在し，側鎖の異なるクロロフィル c_1, c_2, c_3 が存在することが知られている．クロロフィル c はほかの3種のクロロフィルとは異なり，ポルフィリン環を基本骨格とし，C-17位の炭素にアクリル酸側鎖が結合している．また，クロロフィル c はフィトール鎖を持

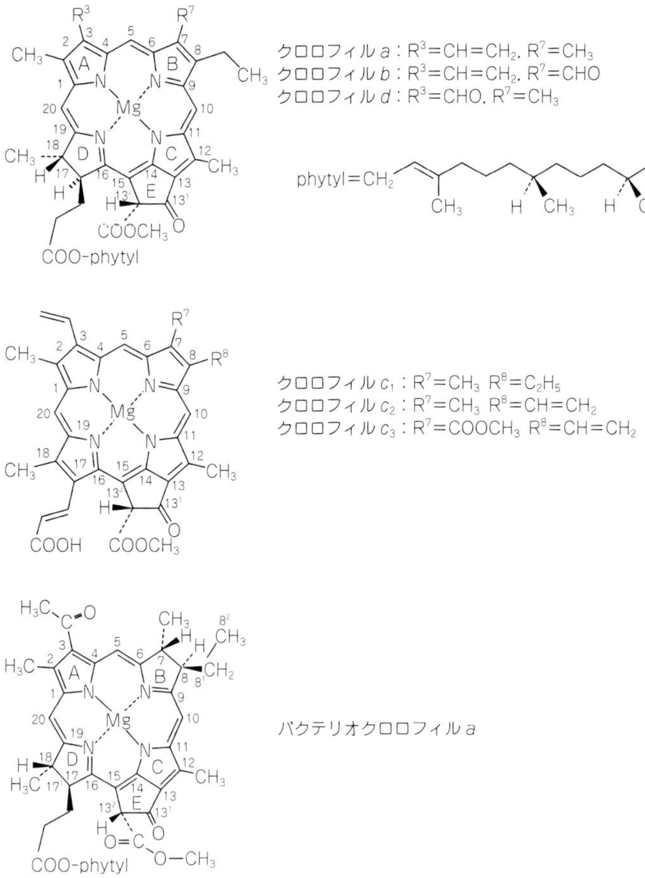

図 25.1 主なクロロフィルの構造

たない．クロロフィルはこのように側鎖の修飾を変化させることで，吸収する光を変化させている．クロロフィル b はクロロフィル a よりも短波長の光を，クロロフィル d は長波長の光を捕捉する．

　光合成細菌には，クロリン環あるいはバクテリオクロリン環を基本骨格とするバクテリオクロロフィルが存在する．バクテリオクロロフィルはその構造の違いによって，バクテリオクロロフィル a〜f が知られている．マグネシウムではなく亜鉛を配位するバクテリオクロロフィルも見つかっている．バクテリオクロロフィルでは，水を酸化するための高い酸化還元電位を得ることができずに，硫化水素などが電子供与体として利用されていた．クロロフィルの出現によって，地球上に水を分解して酸素を発生する光合成の出現が可能となったのである．

アミノレブリン酸の生合成

　図 25.2 にクロロフィルの生合成経路を示す．クロロフィルの前駆体は 5-アミノレブリン酸（δ-アミノレブリン酸，ALA）である．葉緑体で合成された ALA はク

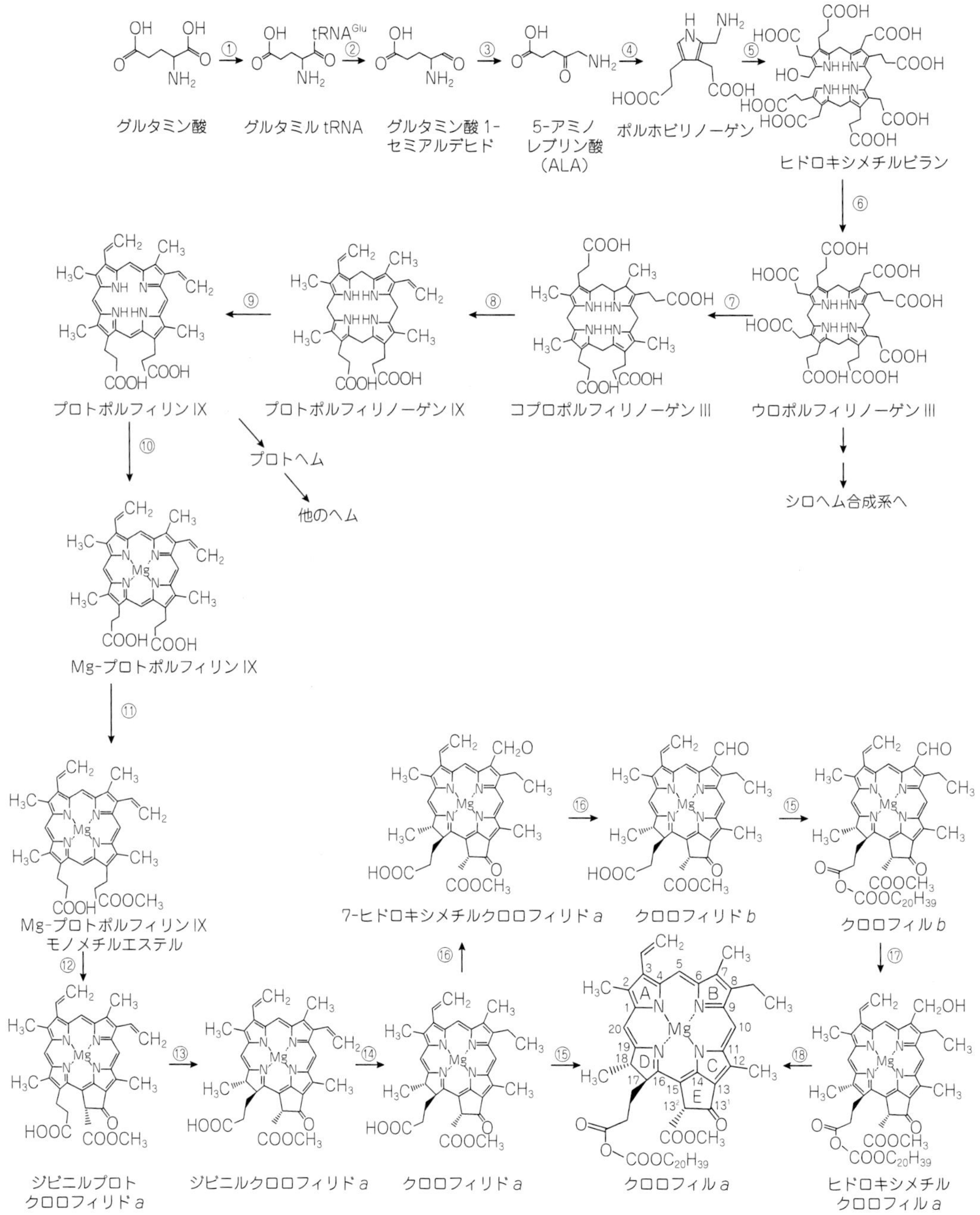

図 25.2 クロロフィルの生合成経路

① グルタミル tRNA シンテターゼ，② グルタミル tRNA リダクターゼ，③ グルタミン酸 1-セミアルデヒドアミノトランスフェラーゼ，④ 5-アミノレブリン酸デヒドラターゼ，⑤ ポルホビリノーゲンデアミナーゼ，⑥ ウロポルフィリノーゲン III シンターゼ，⑦ ウロポルフィリノーゲン III デカルボキシラーゼ，⑧ コプロポルフィリノーゲン III オキシダーゼ，⑨ プロトポルフィリノーゲン IX オキシダーゼ，⑩ プロトポルフィリン IX マグネシウムキラターゼ，⑪ Mg-プロトポルフィリン IX メチルトランスフェラーゼ，⑫ Mg-プロトポルフィリン IX モノメチルエステルオキシダティブシクラーゼ，⑬ NADPH：プロトクロロフィリドオキシドレダクターゼ，⑭ ジビニルクロロフィリド a 8-ビニルリダクターゼ，⑮ クロロフィルシンターゼ，⑯ クロロフィリド a オキシゲナーゼ，⑰ クロロフィル b リダクターゼ，⑱ ヒドロキシメチルクロロフィル a リダクターゼ．

ロロフィルだけではなく，同じテトラピロール類であるヘムなどの合成にも用いられる．動物や一部の光合成生物のALAはグリシンとスクシニルCoAから合成されるが，植物では葉緑体でグルタミン酸から3段階の反応により合成される．グルタミン酸はまず，グルタミルtRNAシンテターゼによりグルタミルtRNAとなる．グルタミルtRNAは，グルタミルtRNAリダクターゼによりNADPHを用いて還元され，さらにグルタミン酸1-セミアルデヒドアミノトランスフェラーゼによりALAとなる．グルタミルtRNAは，タンパク質合成のときに使われる基質と共通である．

クロロフィルの生合成経路

5-アミノレブリン酸デヒドラターゼにより2分子のALAが縮合して，ピロール環であるポルホビリノーゲンが合成される．4分子のポルホビリノーゲンが，ポルホビリノーゲンデアミナーゼにより開環テトラピロールであるヒドロキシメチルビランへと合成される．ヒドロキシメチルビランは環化されてウロポルフィリノーゲンIIIとなり，クロロフィル合成に進む場合は2段階の脱カルボキシル化と酸化反応を経て，プロトポルフィリンIXとなる．ウロポルフィリノーゲンIIIからは，シロヘムの合成経路が分かれる．プロトポルフィリンIXからは，2つの代謝系に分岐する．1つは，鉄原子が配位することで生成するヘムの合成系である．呼吸の電子伝達系に関与するシトクロムや，過酸化水素を分解する酵素であるカタラーゼ，ペルオキシダーゼなどに結合しているヘムを合成する．ヘムが開裂することにより，シアノバクテリアや紅藻のアンテナ色素タンパク質に結合しているビリン系色素や，赤色光受容体であるフィトクロムの発色団などもつくられる．ビリン化合物は，開環テトラピロールである．もう1つの代謝系は，マグネシウム原子を配位するクロロフィルの合成系である．プロトポルフィリンIXマグネシウムキラターゼがプロトポルフィリンIXにマグネシウムイオンを配位し，Mg-プロトポルフィリンIXを合成する．C環に結合している末端のカルボキシル基がメチルエステル化され，その後，環化することでE環が形成されて，ジビニルプロトクロロフィリドaとなる．NADPH：プロトクロロフィリドオキシドレダクターゼにより，D環のC17-C18位の二重結合が還元されクロロフィリドaに変換される．被子植物のプロトクロロフィリドオキシドレダクターゼは光依存型であるため，暗所ではクロロフィルが合成されずに黄化する．裸子植物や緑藻は還元型フェレドキシンを利用して還元を行うために，光は必要ない．そのため，暗所でもクロロフィルが合成されて緑化する．クロロフィリドaのD環にはクロロフィルシンテターゼにより，テルペノイド合成系でつくられたフィトール鎖が付加されて，クロロフィルaが合成される．クロロフィルbは，クロロフィリドaオキシゲナーゼによってB環のC-7位が酸化されてクロロフィリドbになり，その後，クロロフィルシンテターゼによってフィトー

ル鎖が付加される．クロロフィルbは2段階の酵素反応によってクロロフィルaに変換される．クロロフィルaとbの相互変換はクロロフィルサイクルと呼ばれ，光環境の変化に順応する役割を果たしている．藻類に含まれるクロロフィルcとクロロフィルdの生合成経路は解明されていない．

クロロフィルの分解

窒素原子を分子内に持つクロロフィルは分解され，生じた窒素原子はほかの代謝産物の合成の際に再利用される．まず，クロロフィルaのフィトール鎖がクロロフィラーゼによって除かれて水溶性のクロロフィリドになった後に，中央のマグネシウム原子がMg-デキラターゼによって外されて，フェオホルビドとなる．その後，いくつかの反応を経て，分解産物は葉緑体の外に出た後に，液胞膜に存在するABCトランスポーターによって液胞内に輸送され，液胞でテトラピロール構造が分解されると推定されているが，詳細は不明である．

===== Tea Time =====

クロロフィルdの発見

クロロフィルdは1943年に紅藻で発見された．しかし，その後の長い年月の中でクロロフィルdの検出に再現性がないために，クロロフィルdは天然には存在せず，抽出のときに生じる人為的な産物ではないかと疑問視されていた．発見から60年余の1996年に，宮下らはパラオで採取した群体ホヤから直径1.5～2.0 μm，長さが2.0～3.0 μmの単細胞のシアノバクテリアであるアカリオクロリス・マリナ（*Acaryochloris marina*）を単離し，この藻類に含まれる主要なクロロフィルはクロロフィルdであることを発表した（図25.3）．クロロフィルdは幻ではなく，天然に確かに存在していることが明らかになった．その後，クロロフィルdを持つアカリオクロリスが，日本で採取した紅藻オキツノリの表面にコロニーをつくっていることが報告された．1943年に紅藻で検出されたクロロフィルdは，実は，紅藻由来ではなく紅藻に付着し

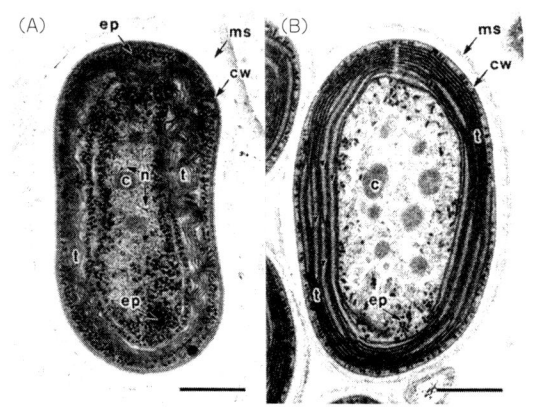

図25.3 アカリオクロリス・マリナの電子顕微鏡写真（写真提供：京都大学　宮下英明博士）
(A) グルタルアルデヒドと四酸化オスミウムで固定した細胞の断面．(B) グルタルアルデヒドと過マンガン酸カリウムで固定した細胞の断面．c：カルボキシソーム様の構造体，cw：細胞壁，ep：電子密度の高い顆粒，ms：粘質鞘，t：チラコイド．スケールバーは0.5 μmを表す．

たアカリオクロリス由来だったのである．そのため，紅藻からクロロフィル d を検出しようと試みても，常に同じ結果が得られなかったと推定される．また，最近の光合成色素の分析は，逆相カラムを用いて高速液体クロマトグラフで行われることが多い．通常の分離条件では，クロロフィル d はクロロフィル b とほぼ同時に溶出される．この点も，クロロフィル d の同定が遅れた原因の1つである．

　現在までに，クロロフィル d を合成する生物は，アカリオクロリス以外には見つかっていない．2008年には全世界の海域や淡水湖などを調査した結果，クロロフィル d が全世界から普遍的に検出されたことが報告されている．この結果は何を意味するのだろうか？　クロロフィル d はほかのクロロフィルとは異なり，近赤外光を吸収する．今まで，光合成に関与すると思われていなかった近赤外光も光合成に関与し，炭素固定のエネルギーを生み出していたことは大きな発見である．

（加藤美砂子）

第26講

シキミ酸経路とフェニルプロパノイドの生合成

キーワード：芳香族アミノ酸　　フェニルアラニンアンモニアリアーゼ　　二次代謝
　　　　　　コリスミ酸　　クロロゲン酸　　リグニン

　フェニルアラニンなどの芳香族アミノ酸は，タンパク質を構成するアミノ酸であるが，アミノ基が除去されるとフェニルプロパノイド（phenylpropanoid）となり，リグニン，クロロゲン酸，フラボノイドなどの二次代謝産物の基質としてつかわれる．芳香族アミノ酸の合成経路は，シキミ酸が中間代謝産物として生じるためシキミ酸経路（shikimic acid pathway）と呼ばれる．ここでは，芳香族アミノ酸の合成と，それに続いて起こるフェニルプロパノイドの合成について解説する．

シキミ酸経路の反応

　芳香族アミノ酸の生合成経路（図 26.1）は，中間産物としてシキミ酸を経由することからシキミ酸経路と呼ばれる（狭義では，コリスミ酸合成までをシキミ酸経路という）．シキミ酸は，1885年にエイクマン（Johann Frederik Eijkman）によって日本のシキミの実から最初に単離された（図 26.2）．シキミ酸経路の開始反応は，解糖系由来のPEPとペントースリン酸経路の中間産物であるエリスロース4-リン酸の縮合であり，C_7の化合物2-デヒドロ3-デオキシ-D-アラビノ-ヘプツロン酸7-リン酸（DAHP）が生成される（反応①）．次の反応で，リン酸が除去されて環化し，3-デヒドロキナ酸ができる（反応②）．次に脱水反応が起こり，3-デヒドロシキミ酸になる（反応③）．NADPH依存シキミ酸デヒドロゲナーゼによる還元反応で，シキミ酸ができる（反応④）．シキミ酸は，シキミ酸キナーゼによりリン酸化されて，シキミ酸3-リン酸になり（反応⑤），ここでもう1分子PEPが縮合されて，5-エノールピルビルシキミ酸3-リン酸（EPSP）ができる（反応⑥）．リン酸基が除かれてコリスミ酸が生成され（反応⑦），ここで，フェニルアラニン，チロシンの合成経路と，トリプトファンの経路が分岐する．前者は，コリスミ酸ムターゼによりプレフェン酸に，さらに，これにグルタミン酸のアミノ基が供与され，アロゲン酸が生成される．ここでアロゲン酸デヒドラターゼが作用するとフェニルアラニンが，NADP依存アロゲン酸デヒドロゲナーゼが作用するとチロシンが生成

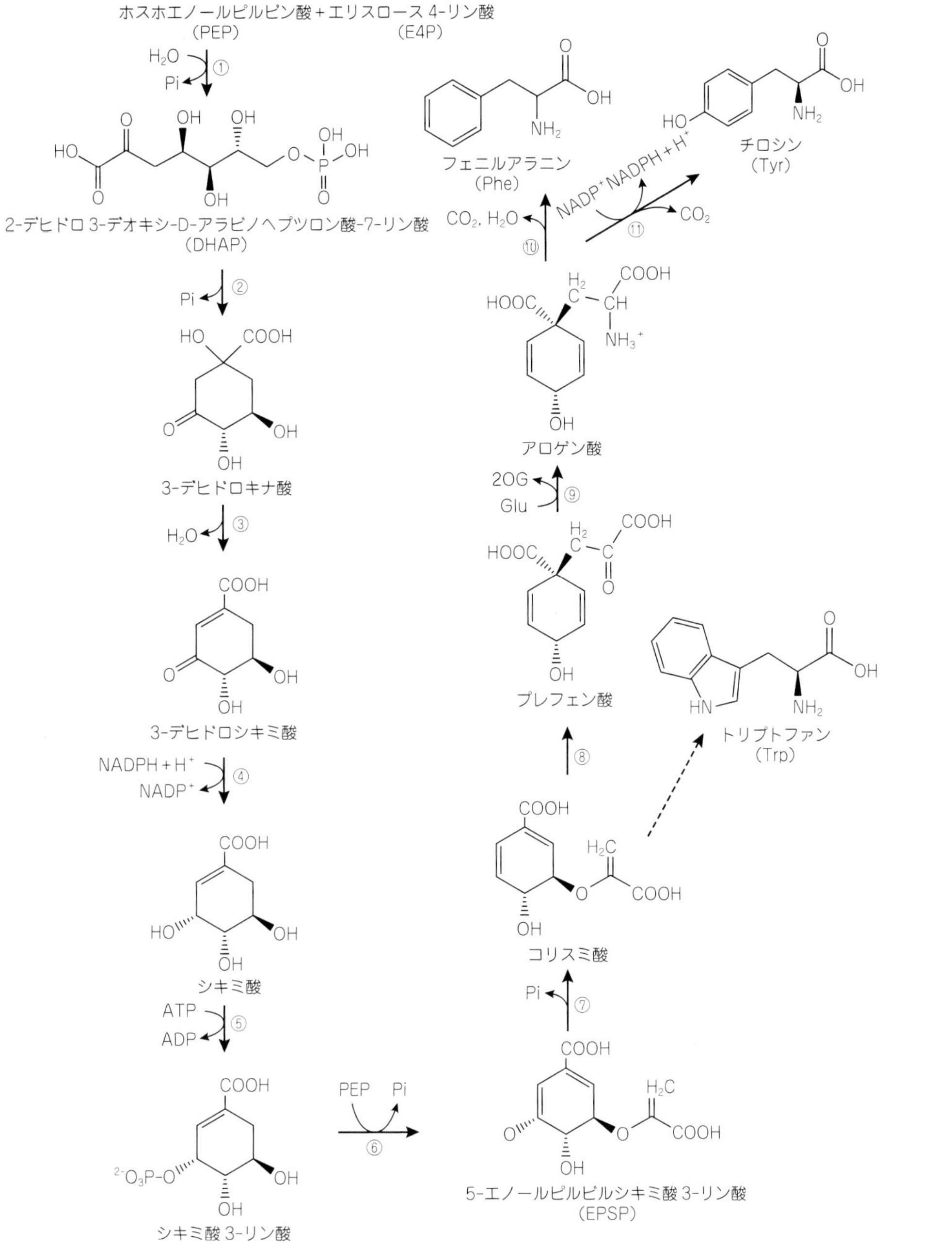

図 26.1 シキミ酸経路
① DHAP シンターゼ，② 3-デヒドロキナ酸シンターゼ，③ 3-デヒドロキナ酸デヒドラターゼ，④ シキミ酸デヒドロゲナーゼ，⑤ シキミ酸キナーゼ，⑥ EPSP シンターゼ，⑦ コリスミン酸シンターゼ，⑧ コリスミン酸ムターゼ，⑨ プレフェン酸アミノトランスフェラーゼ，⑩ アロゲン酸デヒドラターゼ，⑪ アロゲン酸デヒドロゲナーゼ．

される．トリプトファン合成経路は，コリスミ酸からピルビン酸部分が除かれ，アミノ基が供与されてアントラニル酸ができる反応で開始され，5段階の反応を経て完結する．細菌にもシキミ酸経路はあるが，アロゲン酸を経由しない別の経路が主

要なものである.

シキミ酸経路の調節機構

シキミ酸経路の最初の酵素,DAHP シンターゼ(Ds)にはアイソザイムがあり,プラスチドにマンガン依存性の Ds-Mn,サイトゾルにコバルト依存性の Ds-Co が局在している.シキミ酸経路は,タンパク質アミノ酸の供給のほかに二次代謝系の基質供給経路でもあるために,個々の調節のためにアイソザイムを利用しているらしい.Ds-Mn は UV,傷害,感染に応答して誘導されることから,二次代謝に関連していると思われる.コリスミ酸ムターゼ(CM)は,フェニルアラニン・チロシン経路への分岐点の酵素であるが,2種のアイソザイム(CM1, CM2)があり,異なる制御を受ける.プラスチドに局在する CM1 は,フェニルアラニンとチロシンによりフィードバック阻害を受ける.トリプトファンはこの酵素を活性化し,フェニルアラニンとチロシンによる阻害を回復する.この調節は,3つの芳香族アミノ酸の量のバランスをとることに機能している.一方,サイトゾルに局在している CM2 は,このようなアミノ酸による調節は受けない.この酵素は二次代謝と関連を持つようにも思われるが,芳香族アミノ酸合成系はプラスチドに局在しているとされるので,まだよく分からない.アロゲン酸からフェニルアラニン,チロシンを合成する2つの酵素は,それぞれの生成物により阻害を受ける.トリプトファンの合成経路では,コリスミ酸から分岐する最初の反応を触媒するアントラニル酸シンターゼ活性が,トリプトファンによるフィードバック阻害により調節される.

図 26.2 シキミとその果実(西村,原図)

フェニルプロパノイドの合成系

フェニルプロパノイドは C_6-C_3 構造を持つ化合物であるが,フェニルアラニンとチロシンに由来する(図 26.3).フェニルアラニンアンモニアリアーゼ(PAL)と,チロシンアンモニアリアーゼ(TAL)によって脱アミノ基反応が触媒され,桂皮酸(cinnamic acid)と 4-クマル酸(p-クマル酸,ヒドロキシ桂皮酸ともいう)が生成される(反応①,②).TAL 活性は通常低く,限られた植物種でしか見られないため,PAL による反応が重要である.桂皮酸は,桂皮酸 4-ヒドロキシラーゼにより水酸基が導入され,4-クマル酸になる.この物質から,4-クマロイル CoA が合成される(反応④).この反応は,4-クマル酸:CoA リガーゼにより触媒される.

$$4\text{-クマル酸} + ATP + CoA \longrightarrow 4\text{-クマロイル CoA} + AMP + PPi$$

従来は,4-クマル酸から,カフェ酸,フェルラ酸,5-ヒドロキシフェルラ酸,シナピン酸が生成されて,それぞれの CoA エステルができると考えられていたが,

最近の酵素の基質特異性の詳細な研究から，エステル，アルデヒド，アルコールへの変換は 4-クマル酸のレベルでなされることが分かった．4-クマロイル CoA は，カフェオイル CoA，フェルロイル CoA，5-ヒドロキシフェルオイル CoA，シナピル CoA に変換される．それぞれの CoA エステルは，シナモイル CoA レダクターゼによりアルデヒドになり，さらにシナモイルアルコールデヒドロゲナーゼによりアルコールになる．

4-クマロイル CoA + NADPH + H$^+$
 ⟶ 4-クマロイルアルデヒド + NADP$^+$
4-クマロイルアルデヒド + NADPH + H$^+$
 ⟶ 4-クマロイルアルコール + NADP$^+$

これらの酵素の基質特異性は広く，それぞれの CoA エステル，アルデヒドが基質となる．図 26.4 に 4-クマル酸，カフェ酸，フェルラ酸，5-ヒドロキシフェルラ酸，シナピン酸の構造を示した．4-クマル酸に水酸基，さらにメチル基が導入されている．この変換は，CoA エステル，アルデヒド，アルコールの状態で起こる．

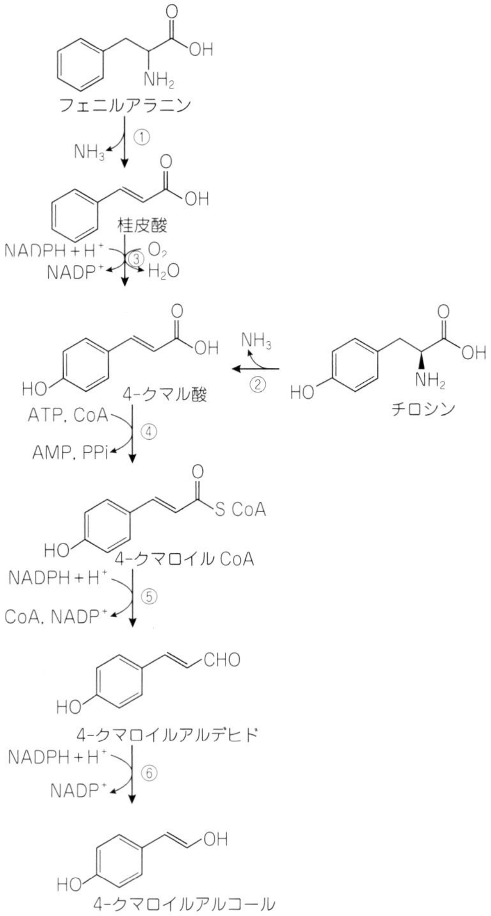

フェニルプロパノイドの代謝

植物の細胞壁には，リグニンが沈着して木化が起こる．リグニンは，3 種類のモノリグノール（4-クマロイルアルコール，フェニルアルコール，シナピルアルコール）が重合したデプシドである．クロロゲン酸（5-カフェオイルキナ酸）は，カフェ酸

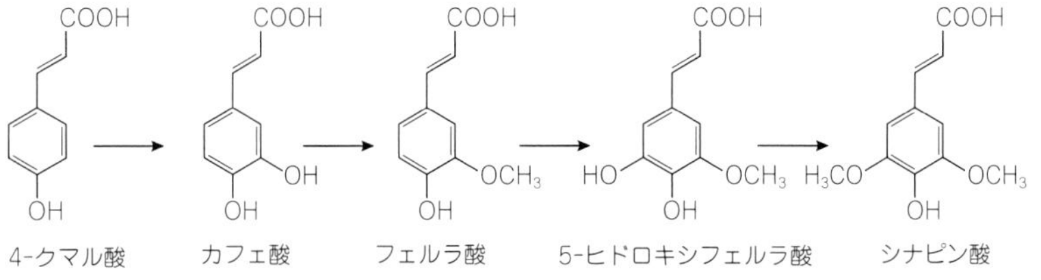

図 26.3 フェニルプロパノイド合成経路
① フェニルアラニンアンモニアリアーゼ，② チロシンアンモニアリアーゼ，③ 桂皮酸 4-ヒドロキシラーゼ（トランス桂皮酸モノオキシゲナーゼ），④ 4-クマル酸：CoA リガーゼ，⑤ 4-クマモロイ CoA レダクターゼ（シナモイル CoA レダクターゼ），⑥ クマモイルアルコールデヒドロゲナーゼ（シナモイルアルコールデヒドロゲナーゼ）．

図 26.4 フェニルプロパノイドの種類と代謝
反応は，CoA エステル，アルデヒド，アルコールのレベルで起こる．

図26.5 クロロゲン酸（5-カフェオイルキナ酸）の生成
キナ酸はシキミ酸経路からつくられる.

のカルボキシル基がキナ酸の5位の水酸基と脱水縮合した構造を持つ．クロロゲン酸類には，キナ酸の3位と4位に水酸基が付いたもの，フェルラ酸とキナ酸が重合したものが含まれる．フェニルプロパノイド生合成系のCoAエステルに，カフェオイルCoA：キナ酸カフェオイルトランスフェラーゼの反応でキナ酸が結合する反応が主要なものである（図26.5）．サツマイモでは，ヒドロキシシナモイルグルコシドを経由する別の経路が働く．4-クマロイルCoAは，マロニルCoAと縮合してカルコンになり，フラボノイド合成系で代謝される（第27講）．

フェニルプロパノイド合成経路の調節

　フェニルプロパノイド生合成経路の最初の酵素であるPALは，アミノ酸を二次代謝系に導く重要な酵素であり，多くの研究が行われている．二次代謝系の最終産物は，液胞に輸送されたり，細胞壁に沈着したりするため，いわゆる活性のフィードバック調節は重要ではなく，ほとんどが酵素遺伝子の発現レベルで調節される．PALの遺伝子は複数のコピーが核遺伝子中にあり，PAL遺伝子のプロモーター上には，紫外線照射，病原菌感染のストレスに応答して発現するシスエレメント，木部で発現するために必要なシスエレメントなどが見つかっている．これらは，異なる外的，内的シグナルに応答して，異なるPAL遺伝子が発現していることを示している．PALの反応は，リグニン，フラボノイド，クロロゲン酸など異なる物質の開始反応であるので，それぞれの生合成に対応した調節機構が必要である．PALの遺伝子ファミリーの存在は，このような要求に対応しているものと思われる．フェニルプロパノイドのCoAエステルを作る4-クマル酸：CoAリガーゼには複数のアイソザイムがあり，アントシアニン合成など，フェニルプロパノイド合成に継続する代謝系と連携したアイソザイムが存在する．

=============== Tea Time ===============

二次代謝物質は何種類くらいあるか

　植物は，本講で述べたフェニルプロパノイドなどを経由して多くの二次代謝物質を合成する．現在までに，全植物の30%程度しか調査が行われていないが，ウィ

表 26.1 高等植物の既知二次代謝物質の種類（Wink, 2010 より）

非窒素化合物		窒素を含む化合物	
フェニルプロパノイド，リグニン，クマリン，リグナン	2,000	アルカロイド	21,000
フラボノイド，タンニン	5,000	非タンパク質構成アミノ酸	700
モノテルペン	2,500	アミン	100
セスキテルペン	5,000	シアン配糖体	60
ジテルペン	2,500	グルコシノレート	100
トリテルペン，ステロイド，サポニン	5,000	アルカミド	150
テトラテルペン	500	レクチン，ペプチド，ポリペプチド	2,000
ポリアセチレン，脂肪酸，ロウ	1,500	含窒素化合物の合計	24,110
ポリケチド	750		
炭水化物，有機酸	200		
非窒素化合物の合計	24,950	全二次代謝産物	49,060

ンク（Michael Wink）の著した『二次代謝の生化学』第2版（2010）によると，現在までに約5万種類の二次代謝物質が発見され，構造が明らかにされている（表26.1）。量的に多いのは，テルペノイドとアルカロイドである。本書では，本講で述べたフェニルプロパノイドのほか，テルペノイド（第24講），フラボノイド（第27講），アルカロイド（第28講）について解説する。二次代謝物質の定義は難しい。一般には，一次代謝物質から派生して合成される物質で，生物が生命を維持するために直接必要ではない物質を意味する場合が多い。しかし，この分類法は必ずしも適切ではなく，クロロフィルのような光合成に必要な色素は，どちらに含まれるのか疑問である。歴史的には，植物の一次代謝の研究は主に植物生理学者の興味の対象であったのに対し，二次代謝は天然物化学や薬学分野の興味の対象であった。後者は化学的に興味深い構造を持つ化合物が多く，薬（生薬）となるものがあるためである。最近では，二次代謝産物が植物の生理現象に深くかかわることが明らかにされつつあり，さらに細胞分化，環境応答，化学生態学的機能，さらには植物の進化のような生物学的に重要な問題と深くかかわり合いを持つことが明らかにされてきたため，生物学からの興味も以前より増し，多くの生物学者が二次代謝の研究にかかわるようになった。二次代謝とは，生物にとって一次代謝よりも重要でない代謝系という意味ではなく，生命現象をさらに詳しく見ていく上で，一次代謝と同様に重要な代謝系である。

（芦原　坦）

第 27 講

フラボノイドの生合成

キーワード：カルコン　イソフラボン　フラボノール　アントシアニン　カテキン

　フラボノイドは，C_6-C_3-C_6 のフラバン構造を持つ二次代謝物質であり，植物色素として液胞に蓄積される．フェニルプロパノイドの 4-クマロイル CoA に，3 分子のマロニル CoA が縮合してできる．カルコン，フラボン，フラバノン，イソフラボン，フラボノール，アントシアニジンなどが含まれる．

フラボノイドの構造と種類

　フラボノイドとは，フラバン構造を持つ化合物の総称である．図 27.1 にフラバン構造を示した．図のように，2 つのベンゼン環は A 環，B 環と呼ばれ，中央部分が環になっている場合は C 環という．B 環の原子の位置を示すときには，プライム（′）を付ける．図

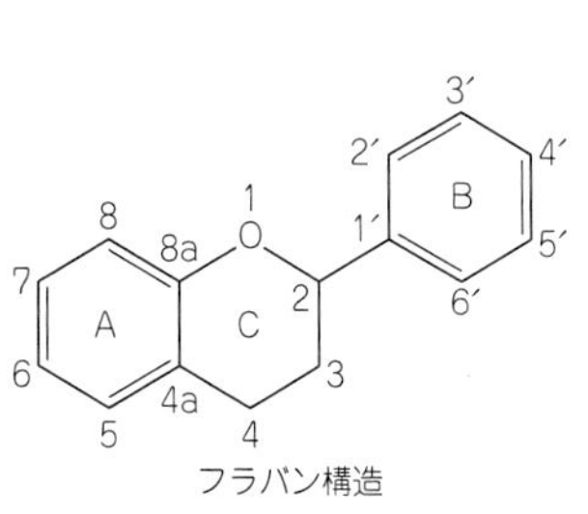

図 27.1　フラバン構造
8a, 4a は，9, 10 と表示されることもある．

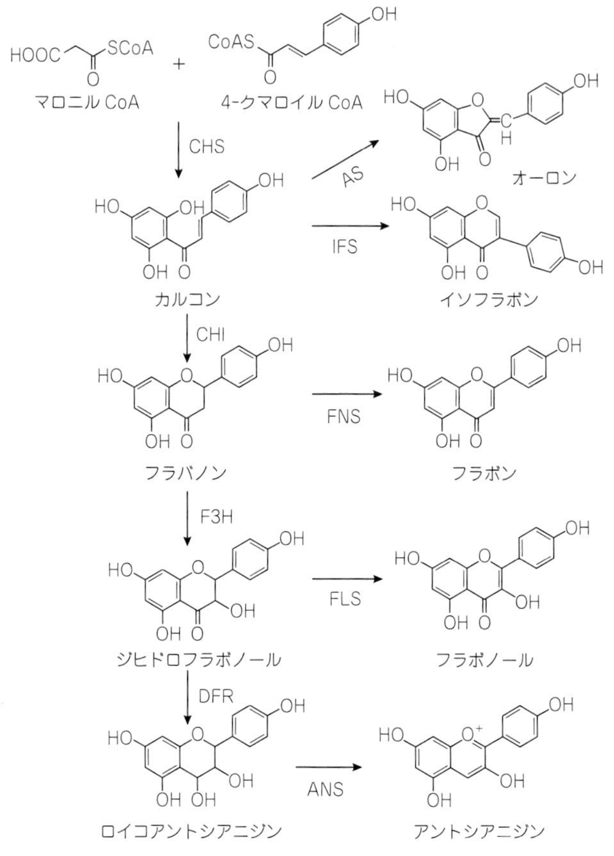

図 27.2　フラボノイドの種類と合成経路
酵素名を略号で示した．

27.2には，フラボノイドの種類と生合成の過程を示した．ここに記された物質名は，その構造を持つ化合物の総称である．構造式は，一番簡単な化合物を例としてあげてある．例えば，カルコンの例としてナリンゲニンカルコン，フラバノンの例としてナリンゲニンの構造を示してある．フラボノイドの種類は，カルコン，オーロン，イソフラボン，フラバノン，フラボン，フラボノール，アントシアニジンなどがある．

フラボノイドの生合成

フラボノイドの基本骨格，C_6-C_3-C_6 は，2つの異なる生合成経路から供給される．フェニルプロパノイド経路で合成された4-クマロイルCoAは，B環のC_6骨格と，C環をつくるC_3の架橋になる．マロン酸・酢酸経路でつくられた3分子のマロニルCoAは縮合して，A環のC_6骨格になる．この反応はカルコンシンターゼ（CHS）によって触媒され，カルコンが生成される（図27.2）．カルコンイソメラーゼ（CHI）による異性化反応によって，カルコンはフラバノンになる．フラバノン3-ヒドロキシラーゼ（F3H）で，-OH基がC環に導入されてジヒドロフラボノールになる．ジヒドロフラボノール4-レダクターゼ（DFR）でC環4位のCが還元されると，ロイコアントシアニジンになる．この物質はアントシアニジンシンターゼ（ANS）により，アントシアニジンになる．このほか，カルコンからは，オーロンシンターゼ（AS）でオーロンが，イソフラボンシンターゼ（IFS）でイソフラボンができる．

フラボノイド生合成経路の調節

フラボノイド合成経路は，最初の酵素，カルコンシンターゼ遺伝子（*CHS*）の発現により調節される．植物組織が傷害を受けたり，病原菌に感染したり，紫外線（UVB）を受けたりすると*CHS*の発現が見られ，1時間以内にカルコンシンターゼタンパク質が合成され蓄積する．これに引き続き，フラボノイドの合成が高められる．最近の研究では，転写因子によってフェニルプロパノイド合成系とフラボノイド合成系の酵素遺伝子の発現が同時に制御されることが明らかにされつつある．少なくとも3種の転写因子があり，これが2つあるいは3つで機能を発揮する．

カルコンとフラバノンの誘導体

カルコン誘導体には，黄色のダリアやキバナコスモスに含まれるブテインがある．ベニバナの花冠に含まれる紅色色素，カルタミンは，2つのカルコンが結合した構造を持つ．フラバノン類には，フラバノンのヒドロキシ（OH）誘導体，メトキシ（OCH_3）誘導体があり，主として配糖体として存在する．無色あるいは黄色色素であり，ミカン，レモンなどの外果皮の白色パルプ部にはヘスペリチン，ナリンゲニン，シトロネチンなどの配糖体がある．CHIは，カルコンを閉環してフラバノンをつくるが，またフラバノンをカルコンに変換することもできるので，カルコン類

とフラバノン類は，極めて密接な関係にある．

フラボンとフラボノール誘導体

フラボンの誘導体には，フラボンおよびフラボノールのヒドロキシ誘導体，およびメトキシ誘導体が含まれる．遊離，あるいは配糖体として植物のほとんど全組織にわたって広く分布する淡黄色の色素である．クリシン（5,7-ジヒドロキシフラボン），アピゲニン（5,7,4-トリヒドロキシフラボン），ルテオリン（5,7,3,4-テトラヒドロキシフラボン）は代表的なフラボンであり，これらに対応するフラボノールは，ガランギン，ケンペロール，クエルセチンである．このほか，イチョウの葉などに見られるミリセチン，ソバやミカン科の植物に蓄積するルチン（クエルセチンのルチノース配糖体）もフラボノールである．

イソフラボン

イソフラボンは，B環が，C環の2位ではなく3位に結合した物質である．イソフラボンの分布は，ほとんどマメ科植物に限られる．ダイズ，クズなどに多量に蓄積される．代表的なものに，ダイゼイン，ダイジン，ゲニステインがある．牧草であるウマゴヤシやクローバーには，ゲニステインやダイゼインが多量に含まれており，草食動物であるウシやヒツジの生殖に影響を与え，排卵を妨げてしまう．これらのイソフラボンはその化学構造が女性ホルモン（エストロゲン）と類似しているため，ファイトエストロゲンと呼ばれる．

アントシアニジンとアントシアニン

赤・紫・青などの花や果実の色は，アントシアニジンの配糖体であるアントシアニン（anthocyanin）によるものである．ちなみに，従来の教科書などで使われていたアントシアン（anthocyan）という名前は，1835年にマーカート（L.C. Marquart）が，ヤグルマギクの花の青い色素にギリシア語の花（anthos）と青い（kyanos）を表す言葉から名付けたものである．図27.3にアントシアニンの生合成経路を示した．フラバノンであるナリンゲニンは，フラバノン3-ヒドロキシラーゼ（F3H）により，ジヒドロフラボノールであるジヒドロケンフェロールになる．フラボノイド3′-ヒドロキシラーゼ（F3′H）によりB環の3′位にOH基が付くとジヒドロクエルセチンに，フラボノイド3′,5′-ヒドロキシラーゼ（F3′5′H）により3′位と5′位にOH基が導入されると，ジヒドロミリセチンになる．これらのジヒドロフラボノールは，ジヒドロフラボノール4-レダクターゼ（DFR）により，C環4位にOH基が付き，ロイコアントシアニジンになる．無色のロイコアントシアニジンが，アントシアニジンシンターゼ（ANS）により4位のCにOH基が除かれると，有色のアントシアニジンであるペラルゴニジン，シアニジン，デルフィ

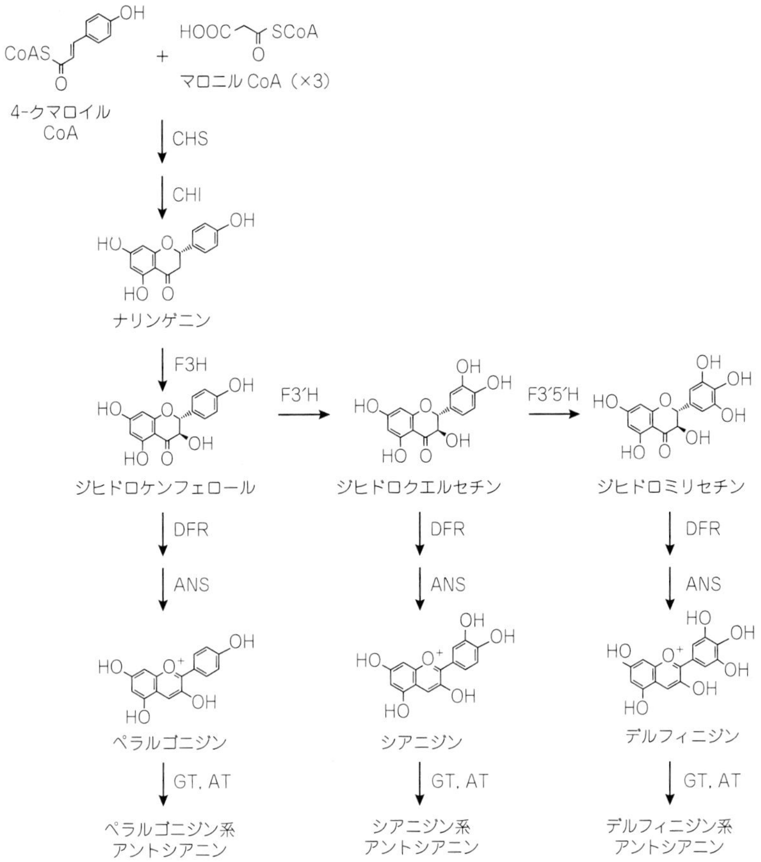

図 27.3 アントシアニンの生合成経路
酵素名（本文参照）を略号で示した．

ニジンが生成される．これらの物質は不安定であり，グルコシルトランスフェラーゼ（GT）などの酵素により，配糖体であるアントシアニンに変換される．さらにこの配糖体の糖部に，有機酸がエステル結合される場合があり，この反応は，アシルトランスフェラーゼ（AT）により触媒される．アントシアニンは水溶性であり，液胞に蓄積される．アントシアニンは，結合する糖や有機酸の種類や位置，B 環の OH 基のメトキシ化などで，さまざまな種類ができる．発色団は，アントシアニジン部分（アグリコン）であり，B 環の OH 基が増えるに従い青みを帯びる．ペラルゴニジン系アントシアニンは橙赤色，シアニジン系は赤色，デルフィニジン系は赤紫色である．糖が 3 位に付いたものよりも，3 位と 5 位の両方に付いたものの方が濃い色になる．色調は pH により変化し，酸性では赤，アルカリ性では青になる．アントシアニンは花の色の色素ではあるが，実際の花の色の発現機構は複雑である．マグネシウムなどの金属と錯体が形成されたり，アントシアニンがほかのフラボノイドと共存したりすることによりコピグメンテーションが起こることなど，ほかの要因がかかわることが明らかにされている．

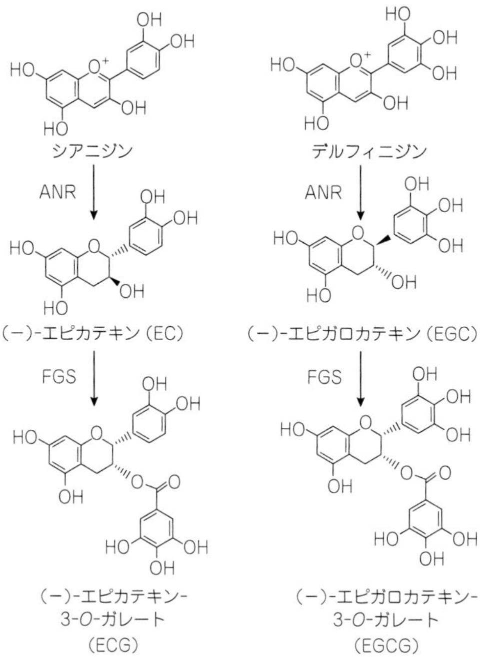

図 27.4 チャ葉における主要カテキンの生合成経路
酵素名（本文参照）を略号で示す．シアニジンとデルフィニジンの合成経路は，図 27.3 参照．

フラバン 3-オール（カテキン類）

　私たち日本人になじみの深いフラボノイドに，茶のフラバン 3-オール（カテキン）がある．チャ葉に含まれるカテキンは，エピカテキン（EC），エピガロカテキン（EGC）と，その没食子酸エステルであるエピカテキンガレート（ECG）とエピガロカテキンガレート（EGCG）である．EC と EGC は，アントシアニジンであるシアニジンとデルフィニジンから，アントシアニンレダクターゼ（ANR）により生成される．これに没食子酸（gallic acid）が付くと，ECG と EGCG になる（図 27.4）．

フラボノイドの役割

　植物組織の傷害や感染に応答して増加するフラボノイドは，傷口からの病原菌の侵入を防ぐ働きをする．ファイトアレキシンとは，植物が病原菌の感染を受けたときに新たに合成され，病原菌を殺菌して防御する物質であるが，ある種のフラボノイドはファイトアレキシンとなる．フラボノイドは UVB を吸収するので，紫外線照射によるフラボノイド生合成の増加は，植物組織を有害な UVB から守るためと考えられている．また，光により生じた活性酸素を除去する役割もある．花や果実のアントシアニンなどの色素は，昆虫による受粉や種子の散布に役立つ．イソフラ

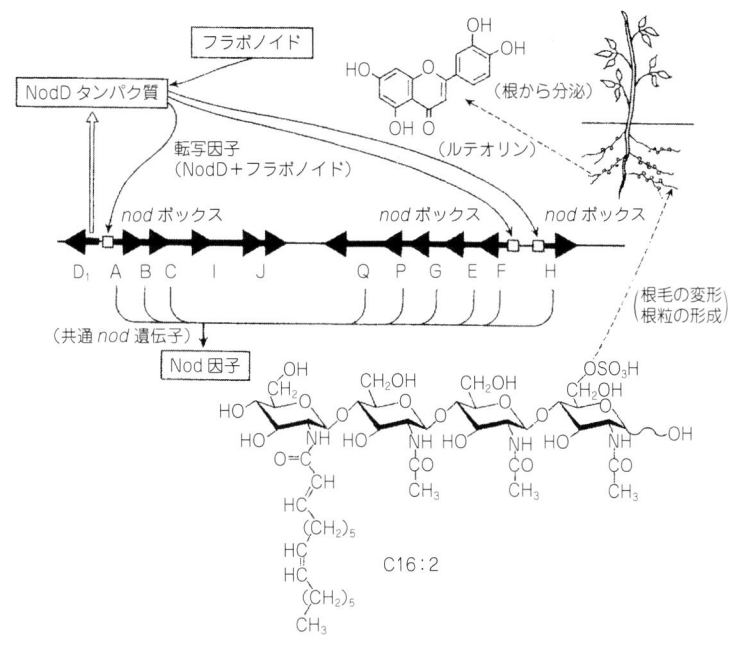

図 27.5 フラボノイドによるマメ科植物と根粒菌の情報伝達（河内，1996 を改変）アルファルファ（*Medicago sativa*）とアルファルファ菌（*Shinorhizobium meliloti*）の例を示す．

ボンやフラボンは，マメ科植物の根から土壌に分泌され，根粒菌の宿主認識につかわれる（図 27.5）．植物由来のフラボノイドと根粒菌由来の NodD タンパク質が結合すると，根粒菌の *nod* 遺伝子の転写因子となる．*nod* 遺伝子から生じたタンパク質により，Nod 因子（キチン様リポオリゴ糖）ができ，根の根粒形成を開始させる．根から出るフラボノイドは植物種により異なり，ダイズの場合は，ダイゼリン，アルファルファの場合はルテオニンである．

= **Tea Time** =

フラボノイドのバイオテクノロジー

フラボノイドの含量や種類を遺伝子組換えによって変えて，生活に役立つ植物を作る試みは多数行われている．例えば，さまざまな美しい花色の植物，ファイトアレキシンをつくる病原菌に強い作物，健康に良いとされるポリフェノールを多量に作る果実，ファイトエストロゲンの量を減らした牧草などである．ここでは，バイオテクノロジーの技術で，育種では不可能であった青いカーネーションとバラが作出された例を紹介する．日

図 27.6 遺伝子組換えで作られた青いカーネーション「ムーンダスト」（左）と青いバラ「アプローズ」（右）（写真提供：サントリーフラワーズ（株））

本のサントリーフラワーズ社とオーストラリアのカルジーンパシフィック社による共同開発により得られた成果である．花の色は，含まれるアントシアニンの構造（B環のヒドロキシル基の数，メトキシ基，アシル基などによる修飾），共存する化合物，金属イオン，アントシアニンの蓄積する液胞のpHなどの要因によって決まる．カーネーション，バラ，キクにはF3′5′Hがないために，デルフィニジン系色素を合成することができない（図27.3）．最初に完成したのは，青紫色のカーネーションである．デルフィニジン系のアントシアニンを合成させるために，ペチュニアやパンジーのF3′5′Hの遺伝子をカーネーションに導入した．青いカーネーションの作出の場合は，F3′5′Hの遺伝子のほかに，ペチュニア由来のDFRの遺伝子も導入された．これは，DFRは，植物種により基質特異性があるためである．カーネーションの内在性のDFRがあると，デヒドロケンフェノールからペラルゴニジンが合成されて赤くなってしまう．そこで，カーネーションの母本として，DFRを欠失していて，アントシアニンを合成できない白色花の品種が選択された．その母本にパンジー由来のF3′5′Hとペチュニア由来のDFRの遺伝子を導入したところ，ペラルゴニジンの合成はせず，デルフィニジンやシアニジンの合成をする，青みを増した花が得られた．このカーネーションは，「ムーンダスト」という名で1997年から市場に出ている．その後，異なる色調のものが数種販売されている．青いバラも原理的には同じ方法で開発された．パンジーのF3′5′H遺伝子の導入，バラのデルフィニジン配糖体の安定化のための，トレニア由来のアントシアニン5-アシルトランスフェラーゼの遺伝子の導入，RNAi法によるバラ自体が持つDFR遺伝子発現の抑制，ペラルゴニジン合成に関与しないアヤメのDFR遺伝子の導入など工夫が凝らされている．世界で初めて完成された青いバラは，2009年に「アプローズ」という名前で，サントリーフラワーズ社から販売開始された．これは，少し紫がかった青であるが，今後，遺伝子組換え以外の要因なども検討することにより多様な色調の青色のバラが誕生し，私たちの目を楽しませることになるであろう．

（芦原　坦）

第 28 講

アルカロイドの生合成

キーワード：ベンジルイソキノリンアルカロイド　インドールアルカロイド　ニコチン　カフェイン

　二次代謝産物には，窒素を含むアルカロイドがある．アルカロイドは，現在までに約 21,000 種類が見つかっており（第 26 講，表 26.1），特別な植物種，器官に分布している．アルカロイド化合物とは，窒素原子を含むいくつかの環状構造を持つ低分子の有機化合物と定義されるので，これに含まれる物質は多岐にわたっている．例外もあるが，ほとんどのアルカロイドは水溶液中ではアルカリ性を示し，アミノ酸を開始物質として合成されるものが多い．アルカロイドにはヒトに対してさまざまな生理活性を持つものが多く，生薬や嗜好品に使われている．生合成系もそのような有用植物を中心に解明されつつある．ここでは，生合成経路が明らかにされているアルカロイドを中心に解説する．

アルカロイドの種類と分布

　最初に発見されたアルカロイドは，アヘンに含まれるモルヒネである．1806 年にドイツの薬学者ゼルチュネル（Fridrich W. Sertürner）は，アヘンの麻酔鎮痛作用成分の本体を単離し，この物質にギリシア神話の夢の神モルフェウスにちなんでモルヒネと名付けた．1819 年にドイツ，ハレの薬学者マイスナー（Karl F. W. Meissner）は，モルヒネを含む塩基性の天然物に対してアルカロイドという総称名を与えた．植物には，ピリジン，キノリン，イソキノリン，ピロリジン，ピペリジン，インドール，トロパン，プリンなどの環状構造を持つアルカロイドがあり，液胞内で酸と塩を形成している．裸子植物ではイチイにタキシン（ジテルペンアルカロイドの集合体），マオウ類にはエフェドリンが見られる．アルカロイドは，単子葉植物より双子葉植物に多く見られる．キンポウゲ科，ケシ科，ナス科，ヒガンバナ科，マメ科，メギ科，ユリ科，トウダイグサ科，ウマノスズクサ科で多く見られるのに対し，アブラナ科やバラ科には出現しない．同一分類群に構造の近似したアルカロイドが分布する場合が多いが，かなりかけ離れた植物に分布する場合もある．ある種のアルカロイドの生合成系は動物にもある．例えば，フキヤガエル属の

カエルは，神経毒ステロイドアルカロイドであるバトラコトキシンを合成する．

アルカロイドの分類

アルカロイドの研究は，従来，天然物化学や生薬学の対象であったために，例えば，イソキノリン系アルカロイド，インドール系アルカロイドなど化学構造を基本としたアルカロイドの分類や，ケシ・アルカロイドやヒガンバナ・アルカロイドのような植物の科による分類が行われてきた．アルカロイドの生合成系が解明されてくるにつれて，生合成を基本とした分類が行われるようになった．アルカロイドに含まれる窒素はアミノ酸起源である場合が多い．アミノ酸骨格がそのままアルカロイド分子に含まれる場合と，アルカロイドの骨格がアミノ酸以外に由来し，後で窒素が組み込まれる場合がある．アミノ酸起源で，かつ脱炭酸反応を伴うものを真正アルカロイド（true alkaloids），脱炭酸を伴わないで生成されるアルカロイドをプロトアルカロイド（proto alkaloids）と呼び，アミノ酸起源でないものをプソイドアルカロイド（pseudo alkaloids）と区別する場合がある．

チロシン，フェニルアラニン由来のアルカロイド

ケシの若い果実に傷を付けると乳液が出てくるが，これを乾燥させたものが，いわゆるアヘンである．アヘンには，モルヒネなど20種以上のアルカロイドが含まれる．ミカン科のキハダの樹皮やキンポウゲ科のオウレンには，ベルベリンというアルカロイドが含まれる．モルヒネやベルベリンは，ベンジルイソキノリンアルカロイドに分類され，チロシンから合成される（図28.1）．2分子のチロシンの一方はL-ドーパ（L-dopa, L-3, 4-ジヒドロハイドロキシフェニルアラニン）を経てドーパミンに，もう一方は4-ヒドロキシフェニルアセトアルデヒドになり，両者が縮合して（S)-ノルコクラウリンが生成される．メチル化や酸化反応を経て，（S)-レティキュリンが合成される．ここで，モルヒネ合成系とベルベリン合成系が分岐する．モルヒネは，テバイン，コデインを経る10段階の反応で，ベルベリンは，（S)-レティキュリンが（S)-スコウレリンに変換され，それに引き続く3段階の反応で合成される．イヌサフランに含まれるコルヒチン（図28.2）は，細胞の有糸分裂を阻害し倍数体をつくるため，3倍体の種なしスイカをつくる物質としてなじみが深いが，チロシン由来のドーパミンとフェニルアラニン由来の桂皮酸の縮合によって生じるオウタムナリンを経て合成される．

トリプトファン由来のアルカロイド

トリプトファン由来のアルカロイドは多数あるが，大部分は分子内にインドール骨格を有するインドールアルカロイドである．モノテルペノイドインドールアルカロイドの生合成経路は，ニチニチソウの液体懸濁培養細胞を使って詳しく研究され

た．トリプトファンは，トリプトファンデカルボキシラーゼにより脱炭酸され，トリプタミンができる．これにゲラニオール由来のセコロガニンが縮合して，ストリクトシジンが生成される（図28.3）．この物質から，種特異的なさまざまなアルカ

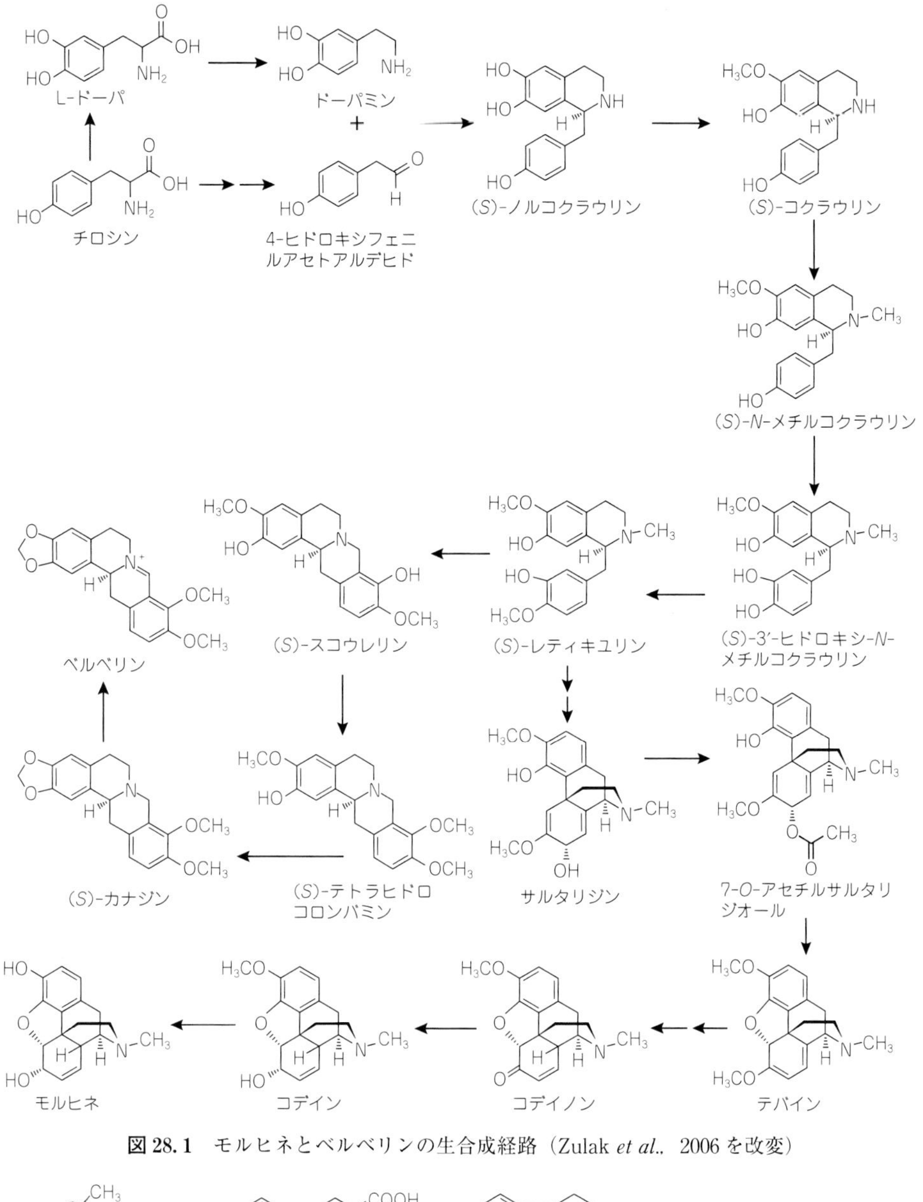

図28.1 モルヒネとベルベリンの生合成経路（Zulak *et al.*, 2006を改変）

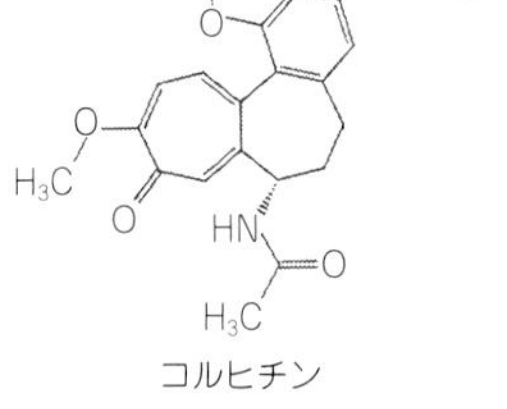

図28.2 コルヒチンの構造 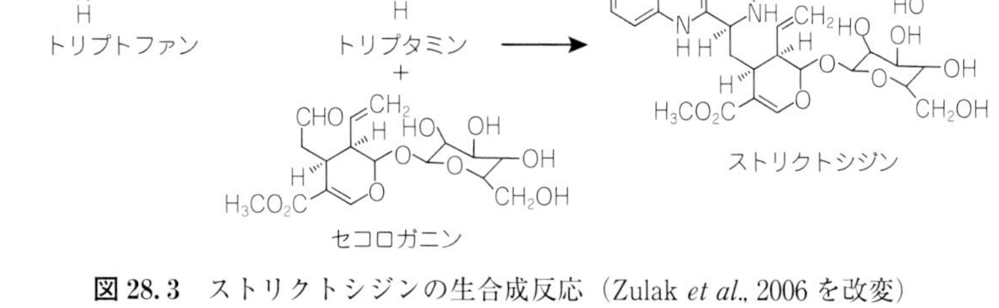　　**図28.3** ストリクトシジンの生合成反応（Zulak *et al.*, 2006を改変）

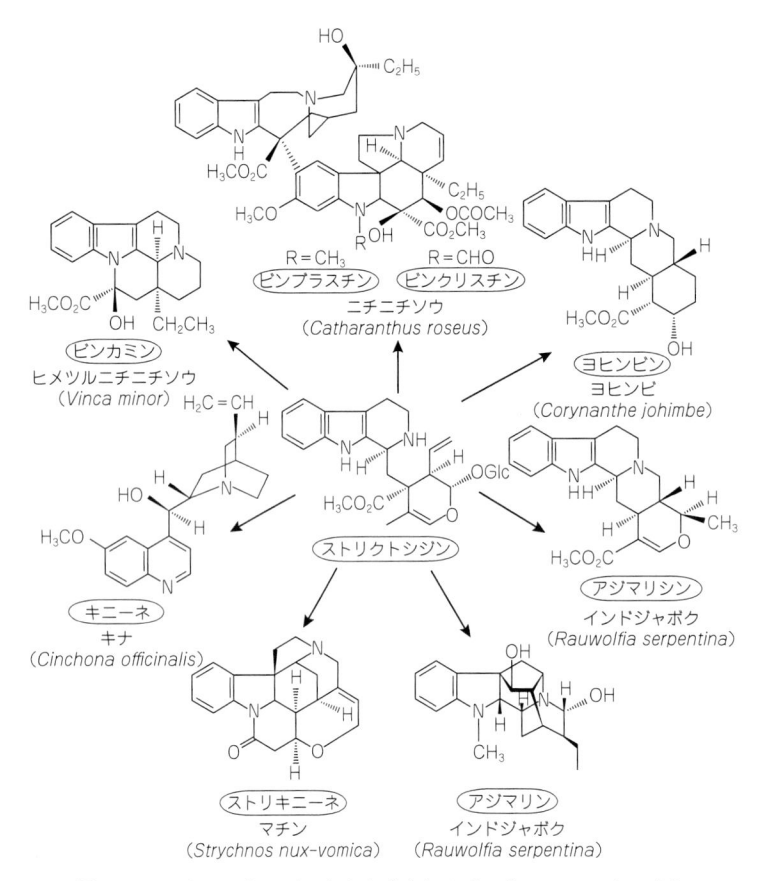

図 28.4 ストリクトシジンから合成されるインドールアルカロイド
（Croteau et al., 2002 を改変）

図 28.5 ニチニチソウ（2009年 西表島・上原にて，芦原撮影）

ロイドが生成される（図 28.4）．ビンブラスチンやビンクリスチンは，キョウチクトウ科のニチニチソウ（図 28.5）由来のアルカロイドである．ニチニチソウの旧学名が *Vinca rosea* であったために付けられた名称である．ちなみにニチニチソウの現学名は，*Catharanthus roseus* である．これらの通称ビンカアルカロイドには，強い抗腫瘍作用があり，骨髄性白血病の治療に使われている．同じキョウチクトウ科のインドジャボクの根には，アジマリンという抗不整脈作用がある成分や，レセルピンという降圧作用，鎮静作用のある成分が含まれ，医薬品として使われている．キナ属植物の樹皮にあるキニーネは，マラリアの特効薬である．

オルニチン，アルギニン由来のアルカロイド

オルニチンやアルギニンを起源とするアルカロイドには，タバコ（ナス科）のニコチンがある．ニコチンのピロリジン環はアミノ酸由来であるが，ピリジン環はニコチン酸に由来する．ニコチンの合成系では，オルニチン，アルギニンのカルボキシル基が除かれてプトレッシンが生成される．これから，N-メチル-Δ^1 ピロリウムにニコチン酸誘導体が結合してニコチンができる（図 28.6）．ニコチンからノル

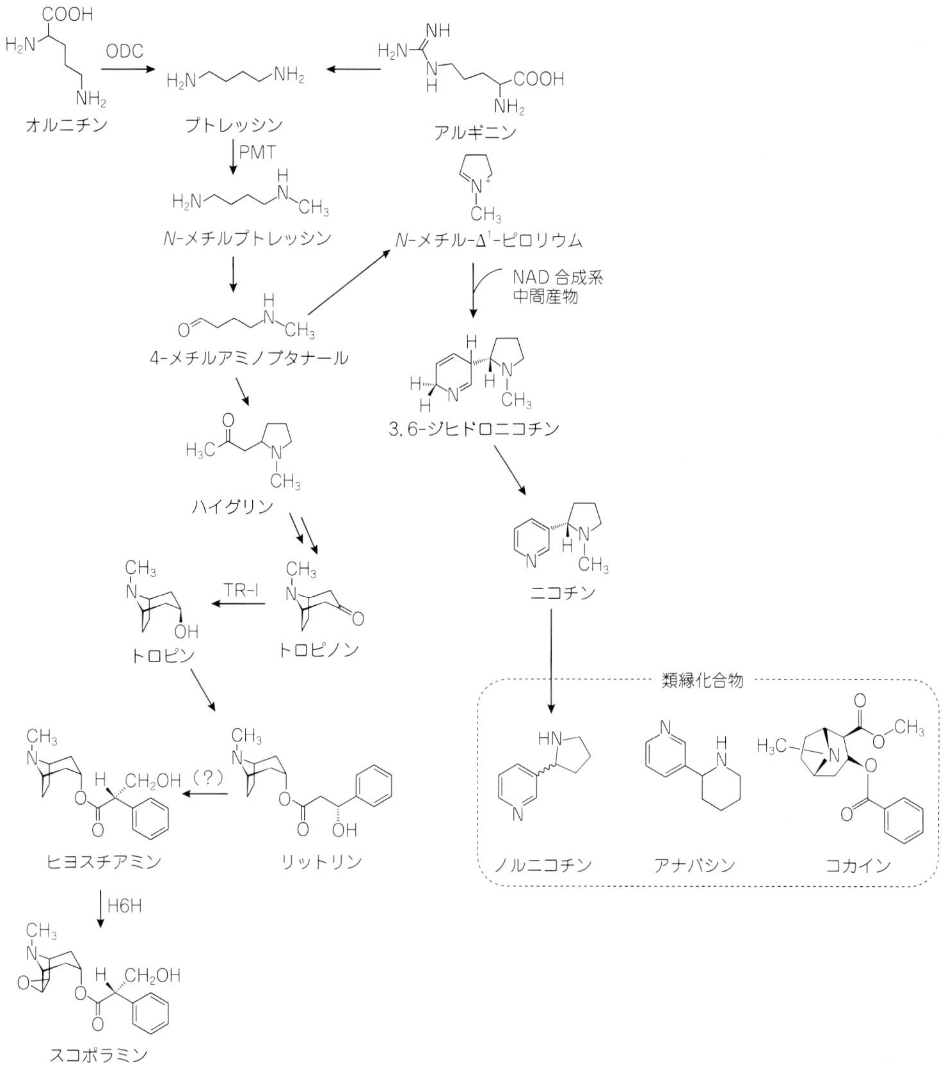

図 28.6 ニコチンとスコポラミンの生合成経路 (Zulak *et al.*, 2006 を改変)
現在までに明らかにされている酵素名を略号で示した．ODC：オルニチンデカルボキシラーゼ，PMT：プトレシン *N*-メチルトランスフェラーゼ，TR-I：トロピノンレダクターゼ，H6H：ヒヨスチアミン 6 β-ヒドロキシラーゼ.

ニコチンが生成される．ニコチンは根で合成され，葉に転流される．ニコチンはタバコ葉の液胞にリンゴ酸あるいはクエン酸塩として存在している．類似の化合物にアナバシンがあるが，この物質のピペリジン環は，リジン由来である．ニコチンの類縁化合物はアナバシンを含めて 30 種類以上あり，ニコチン系アルカロイドと総称される．このほかオルニチンやアルギニン起源のアルカロイドには，ナス科植物に含まれるヒヨスチアミン，スコポラミン，コカ科コカ属の植物の葉に分布するコカインがある．これらの物質は，トロパン骨格（六員環のピペリジンに *N*-メチル基と炭素原子 2 個からなる架橋が付いた構造）を持ち，トロパンアルカロイドと分類される．

図 28.7 チャ,コーヒー,カカオ(2010年鹿児島県枕崎,2007年ハワイ州オアフ島にて,芦原撮影)

図 28.8 テオブロミン,カフェインの生合成経路

プリンヌクレオチド由来のアルカロイド

アミノ酸起源でないアルカロイドの1つに,カフェインなどのプリンアルカロイドがある.プリンヌクレオチドのプリン環も起源はアミノ酸であるが,アミノ酸が直接アルカロイドの前駆体としてつかわれるわけではない.プリンアルカロイドには,チャ(図28.7),コーヒー(図28.7),マテの葉や種子に含まれるカフェイン,カカオ(図28.7)の種子に含まれるテオブロミン,中国産の苦茶に含まれるテアクリン(テトラメチル尿酸)などがある(第21講参照).プリンアルカロイドの前駆体は,IMP,AMP,GMPなどのプリンヌクレオチドである.これらの分解により生じるキサントシンにメチル基がS-アデノシルメチオニンから導入されて7-メチルキサントシンが生成し,次にリボースが除去されて7-メチルキサンチンができ,2回目のメチル化によりテオブロミンが,3回目のメチル化の後にカフェインができる.テアクリンはカフェインから合成される(図28.8).

=============== Tea Time ===============

デカフェコーヒー

カフェインには中枢神経を興奮させる作用がある.人類が古くから飲料として用いてきたチャ,コーヒー,マテチャにはカフェインが含まれるが,これらはこの興奮作用があるために選ばれたものと思われる.カフェインに敏感な人たちが不眠を防ぐために,また健康上の理由から,デカフェコーヒーが特に欧米を中心に売られている.現在販売されているデカフェ製品は,コーヒー豆から超臨界二酸化炭素抽

出法などでカフェインを除去したものである．しかし，この除去過程で風味成分も同時に一部除去されてしまうため，飲料としての品質があまり良くない．そこで，カフェインを種子に蓄積しないようなコーヒー植物の作出が試みられている．1つは遺伝子組換えによるものであり，もう1つは，$Coffea$ 属のカフェイン含量の少ない種との交配による，従来からの育種によるものである．カフェインの合成に必要な N-メチルメチルトランスフェラーゼの遺伝子は，すでにコーヒー植物からクローニングされ塩基配列も明らかになっているため，アンチセンス法，RNA干渉法でこの遺伝子の発現を抑えたコーヒー植物が 2003 年に作出された．この植物の葉では，カフェイン生合成活性が抑えられ，テオブロミンとカフェインの量が減少していた．これは，世界で初めて遺伝子組換えによってできたコーヒー植物であるが，まだこのコーヒーの木からコーヒー豆は得られていない．育種によるデカフェコーヒー植物体の作出は従来から試みられている．現在販売されているコーヒーには，品質の良いアラビカ種（$2n=44$）と，インスタントコーヒーなどに使われるロブスタ種（$2n=22$）がある．マダガスカルに生育しているユウジニオイデス（$Coffea\ eugenioides$）という野生のコーヒー（$2n=22$）はカフェイン含量が極めて低いが，これはこの植物におけるカフェインの生合成能が低く，かつカフェイン分解能が高いことによる．ユウジニオイデスとロブスタ種の雑種（$2n=22$）を作り，これの染色体をコルヒチンで倍化（$2n=44$）してアラビカ種（$2n=44$）と交配するという方法で得たコーヒーの木から，カフェイン含量の低いコーヒー豆が得られたことが 2008 年に発表された．現在，品質の良いコーヒー豆をつくる木が選抜され，商品化に向かっている．

　なお，詳細については，引用文献の Ashihara $et\ al.$ (2008), Nagai $et\ al.$ (2008) を参照されたい．

（芦原　坦）

第29講

無機栄養

キーワード：必須元素　　多量元素　　微量元素　　道管

　本書ではこれまで，炭素，窒素，硫黄のそれぞれの元素に着目した代謝系について解説した．しかし，植物の生命維持には，これら以外の元素も深くかかわっている．植物は無機養分として土壌中に含まれる低濃度の無機イオンを効率良く吸収し，吸収した無機イオンを水と共に植物体内のさまざまな部位に運び，代謝系の多彩な反応に利用している．

植物に必要な元素

　植物の生育には特定の元素が必要である．植物は，必須元素の存在下で光エネルギーを受け取ることにより，生育に必要な物質を合成することが可能となる．植物の生育に必要な元素を表29.1にまとめた．炭素，酸素，水素は，水や二酸化炭素由来であることから，無機養分とは定義しない．必須元素は，その存在量から多量元素と微量元素に分けることができる．しかし，植物内ではこれらの元素が均等に分布しているわけではなく，微量成分であっても局所的にある元素の濃度が高くなっている場合もある．

　窒素と硫黄は，第28講までに解説したように，炭素化合物を構成する重要な成分である．特に窒素は，最も多量に必要と

表29.1　植物の生育に必要な元素

元素	元素記号	モリブデン1原子に対する相対数
多量元素		
水素	H	60,000,000
炭素	C	40,000,000
酸素	O	30,000,000
窒素	N	1,000,000
硫黄	S	30,000
カリウム	K	250,000
カルシウム	Ca	125,000
マグネシウム	Mg	80,000
リン	P	60,000
微量元素		
塩素	Cl	3,000
鉄	Fe	2,000
ホウ素	B	2,000
マンガン	Mn	1,000
亜鉛	Zn	300
銅	Cu	100
ニッケル	Ni	2
モリブデン	Mo	1
植物種によって必要とされる元素		
ケイ素	Si	30,000
ナトリウム	Na	400

される無機養分である．窒素が欠乏すると，葉はクロロシス（chlorosis）と呼ばれる黄変した状態となる．窒素は植物内を移動しやすい元素であることから，窒素欠乏によるクロロシスは基部に近い老化した葉に見られる．これに対して，硫黄が欠乏したときにもクロロシスが見られるが，硫黄は植物内を移動しにくい元素であることから，成熟葉や若い葉で観察されることが多い．

　カリウムは細胞内でカリウムイオン（K^+）として存在し，細胞の浸透ポテンシャルの調節，気孔の開閉などに重要な役割を果たしている．酵素の活性化などにも関与する．カリウムイオンは細胞内に存在する最も多いカチオンである．

　カルシウムもカルシウムイオン（Ca^{2+}）として，シグナル伝達のセカンドメッセンジャーとして働くことが多い．カルシウムイオンと結合して生体内の反応を調節するタンパク質として，カルモジュリン（calmodulin）がよく知られている．また，カルシウムは細胞壁に存在するペクチン網状構造を維持するカルシウム架橋を構成する．

　マグネシウムはマグネシウムイオン（Mg^{2+}）として，呼吸，光合成，核酸合成に関与するいくつかの酵素を特異的に活性化する．細胞内のリボソームの会合に必要なイオンである．また，クロロフィルの中心に配位する元素でもある．

　リンは生体内でリン酸イオン（PO_4^{3-}）として機能し，核酸やヌクレオチドの構成成分である．糖リン酸などの代謝中間体としての役割も重要である．リン酸が2分子結合したピロリン酸は，代謝調節において重要な位置を占める場合が多い．植物の種子などでは，無機リン酸をミオイノシトールに6分子のリン酸が結合したフィチン酸として貯蔵することが知られている．ある種の藻類では，無機リン酸のみを結合させたポリリン酸として貯蔵することが知られている．リンは土壌や海洋から細胞に取り入れるときに，不足しがちな元素であることから独特の貯蔵形態が発達したと考えられる．

　微量成分については，それぞれの元素が関連する事例を簡単に述べる．塩素は塩化物イオン（Cl^-）として，光合成の光化学系Ⅱの水の分解に伴う酸素発生の際に必要である．鉄は，呼吸や光合成の電子伝達系で電子の授受を行うシトクロムの中心金属である．光合成の電子伝達系では，鉄-硫黄クラスターを持つ多数のタンパク質が働いている．ホウ素は，細胞壁の構成成分であるペクチンの一部（ラムノガラクツロナンⅡ）に対してジエステル結合により架橋を形成するために必要である．マンガンは，光合成の光化学系Ⅱの酸素発生複合体に存在するマンガンクラスターを構成することで知られている．遊離のマンガンイオン（Mn^{2+}）は，TCA回路で機能するデカルボキシラーゼやデヒドロゲナーゼを活性化する．亜鉛は，活性酸素を除去するスーパーオキシドディスムターゼの中心金属である．転写因子として働くタンパク質に存在するZnフィンガーモチーフの中に存在し，DNAと結合する際に重要な役割を果たす．銅も亜鉛と同様に，スーパーオキシドディスムター

ゼの中心金属となる場合がある．光合成の電子伝達系で機能する，低分子量の電子受容体であるプラストシアニンは，その中心に銅を持つ．また，葉緑体のストロマに存在するプロセッシングペプチダーゼは亜鉛イオン依存性である．ニッケルは，尿素を生成するウレアーゼの活性中心に存在することが知られている．モリブデンは，硝酸還元酵素に含まれることで知られている．そのほかに，窒素固定生物が持つニトロゲナーゼに含まれることが有名である．

ケイ素は地殻中に酸素の次に多く存在する元素である．ケイ素は，オルトケイ酸（H_4SiO_4）の形で植物に吸収される．単細胞の黄色植物のケイ藻は，ケイ素でつくられた殻を細胞の外側に持つことで知られている．藻類以外の植物では，イネがケイ素を集積する植物として有名である．ケイ素は，葉の細胞の小胞体，細胞壁，細胞間隙にケイ酸（$SiO_2 \cdot nH_2O$）として沈着する．特に葉の表皮のクチクラ層の下に層状に沈着して，葉面からの蒸散を調節している．イネの根にケイ酸のトランスポーターが存在することが報告され，イネにおいてケイ素は必須元素だと考えられている．また，シダ植物であるトクサ科の植物の必須元素である．しかし，そのほかの植物については，ケイ素を与えると生育が促進されることがよく知られてはいるが，必須元素という認識まで至らない場合が多い．ナトリウムに関しては，一部のC_4植物やCAM植物での葉緑体へのピルビン酸輸送がナトリウムイオン（Na^+）と共輸送であることから，植物によっては生育に必要だと考えられている．

木部での水輸送

無機元素は，根から水と共に植物内に吸収される．吸収された水は根の表皮，皮層，内皮，内鞘を通って木部まで達する（図29.1）．表皮から内皮までの水の移動には，細胞の中には入らずに細胞壁の間を通過するアポプラスト経由，細胞膜を通過して細胞の中に入り，また膜を横断して出て行くことを繰り返すトランスメンブレン経由，細胞間の原形質連絡を利用するシンプラスト経由の3つの方法がある．内皮の細胞壁にはカスパリー線（Casparian strip）が存在する．カスパリー線には疎水性物質であるスベリンが存在するため，アポプラスト経由で移動してきた水はそのままアポプラス

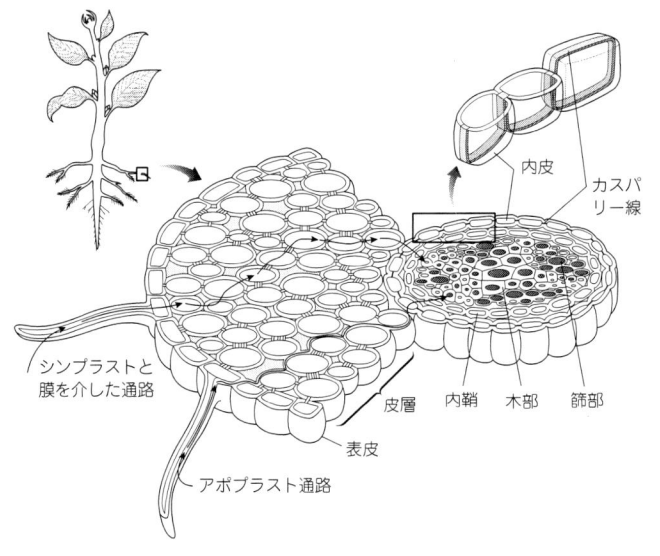

図 29.1 根における水の移動（Taiz and Zeiger）

トを移動し続けることができず，水は内皮の細胞中に入る．その後，水はシンプラスト経由で木部まで移動すると考えられている．被子植物の木部は，短い道管要素（vessel element）がつながってできた道管（vessel）と，長く伸びた紡錘状の形をした仮道管（tracheid）からなる．裸子植物には，少数を除き，道管要素が存在しないことが知られている．道管と仮道管は篩管とは異なり，生細胞ではなく死細胞である．木部における水の輸送の原動力は，水の蒸散によって生じる力と水分子の持つ凝集力による．

= Tea Time =

水の通り道アクアポリン

細胞には，水を選択的に透過する水チャネルタンパク質が存在する．この膜局在のタンパク質をアクアポリン（aquaporin）と呼ぶ．アクアポリンは動物，植物，微生物に分布している．シロイヌナズナでは35個，イネでは33個のアクアポリン遺伝子が存在する．植物のアクアポリンは，細胞膜に存在するPIP（plasma membrane intrinsic protein），液胞膜に存在するTIP（tonoplast intrinsic protein），窒素固定微生物の根粒のペリバクテロイド膜（植物由来）で多く発現しているアクアポリン遺伝子であるNIP（nodulin-26-like intrinsic membrane proteins），小さなファミリーであるSIP（small basic intrinsic proteins）の4つのグループに分類できる．シロイヌナズナのアクアポリン遺伝子として，13個のPIP，10個のTIP，9個のNIP，3個のSIPが同定されている．窒素固定を行わないシロイヌナズナにもNIPは存在する．どの植物にもこの4グループのアクアポリン遺伝子が存在する．アクアポリンの分子質量は23〜31kDであり，分子内に6個の膜貫通領域と5個のループ構造を持つ．N末とC末はサイトゾル側に出ている．Asn-Pro-Ala（NPA）モチーフと呼ばれる保存領域が膜内に存在する（図29.2）．チャネルのゲートの開閉の調節には，いくつかのアクアポリンではリン酸化が関係することが明らかになっている．プロトンや二価のカチオンが関与する場合も示されている．しかし，詳細なメカニズムはまだ明らかになっていない．アクアポリンは，最初は水だけの通り道であると考えられていたが，近年，気体である二酸化炭素の輸送にも関与することが明らかになった．また，尿素，ホウ酸，ケイ酸などの低分子物質の輸送への関与も指摘されている．すべての生物の命の源である水分子，それを輸送するアクアポリンが，植物細胞において二酸化炭素の輸送にも関与することは，生命の進化の歴史の中で非常に興味深い．今後の研究の進展が期待される．

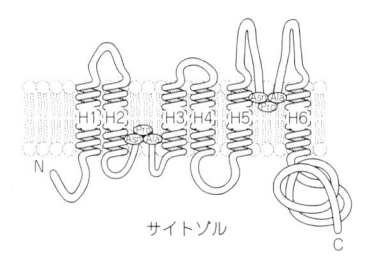

図29.2 アクアポリンの構造の模式図（Sanders and Bethke, 2000）

（加藤美砂子）

第 30 講

植物の代謝工学

キーワード：遺伝子導入　　形質転換　　遺伝子組換え植物
　　　　　　ファイトレメディエーション

　これまで，植物の多彩な代謝系について学んできた．植物の代謝系は，植物自身が生きていくために必要な物質を合成するために存在する．主役は植物という立場で代謝系を眺めてきたが，視点を変えて，人間が植物を利用することを考えてみたい．植物は，食糧や素材として，古の時代から人間の生活に無くてはならないものである．人間は天然に存在する植物をそのままの形で利用してきた．自然に起こった突然変異体を見つけ出し，長い時間をかけて丁寧に育種し，農作物などを生産してきた．科学の進歩によって，植物の持つ秘められた能力が次々と明らかになってきた現在，得られた知見をもとに，バイオテクノロジーの技術を用いて代謝系を改変する試みが行われ，実用化されているものも多い．本講では，代謝系を改変するための遺伝子組換え技術を含めたメタボリックエンジニアリング，植物を用いたファイトレメディエーションの試みを解説する．

アグロバクテリウム法

　植物に遺伝子を導入して形質転換植物を作製する方法としては，アグロバクテリウム法が広く用いられている．この方法は，アグロバクテリウム（*Agrobacterium tumefaciens*）が植物に感染すると，クラウンゴールと呼ばれる腫瘍ができる原理を応用している（図 30.1）．アグロバクテリウムは Ti（tumor-inducing）プラスミドと呼ばれる，自己増殖能を持つ環状の DNA を持っている．Ti プラスミド上には，*vir* 遺伝子群と称される植物の感染に必要な一連の領域が存在する．*vir* 遺伝子群の大部分は，アグロバクテリウムが植物に感染したときに発現が誘導され，通常は発現していない．しかし，*virA* と *virG* 遺伝子は常に発現している．*virA* 遺伝子からつくられるタンパク質は，センサーとして，植物が分泌するアセトシリンゴンなどのフェノール性化合物を感知する．このようにして活性化された virA タンパク質は，*virG* からつくられたタンパク質をリン酸化する．*virG* からつくられるタンパク質は転写因子であり，リン酸化によって活性化され，*vir* 遺伝子群の転

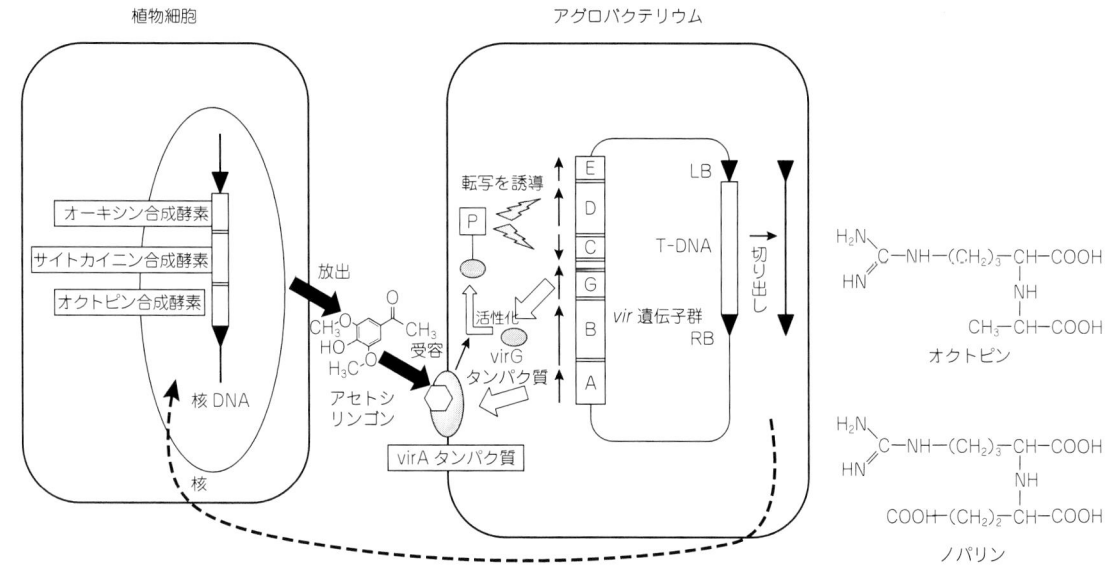

図30.1 アグロバクテリウムの植物への感染
T-DNAは，活性化されたvirGタンパク質によって誘導されたその他のvirタンパク質と共に植物細胞内へ入り，核DNAに組み込まれる．

図30.2 主要なオパインであるオクトピンとノパリンの構造

写を誘導する．この活性化により *vir* 遺伝子群からつくられたある種のタンパク質が，植物内に組み込まれるT-DNA（transferred DNA）の両端に存在する25bpの繰り返し配列であるLB（left border）とRB（right border）の配列を認識し，T-DNAの一本鎖を切り出す．切り出された一本鎖のT-DNAは，別のvirタンパク質と共に植物細胞内に入り，核に運ばれ，植物細胞の核DNAの任意の位置に挿入される．T-DNAの領域には，オーキシンとサイトカイニンを合成する酵素をコードする遺伝子が存在する．そのため，これらの遺伝子が細胞内に入り，発現することによってオーキシンとサイトカイニンの濃度が上昇し，細胞が異常に増殖して腫瘍を形成する．このT-DNAには，植物は代謝できないが，アグロバクテリウムは代謝できる特殊なアミノ酸のオパイン（図30.2）をつくる酵素をコードする遺伝子も存在する．つまり，アグロバクテリウムは，T-DNAを植物細胞に送り込むことによって自らの栄養源であるオパインを植物に合成させ，オパインをつくる細胞を増やすために，オーキシンやサイトカイニンによって細胞を増殖させる．

植物への遺伝子導入

T-DNAの植物への感染の原理を利用して，T-DNAの領域に任意の遺伝子を連結させることによって，植物に遺伝子導入を行うことが可能である．その場合，T-DNAの両端のLBとRB配列は必須であるが，オーキシン，サイトカイニン，オパインをつくる遺伝子は不要である．こうして人為的に改変したTiプラスミドをアグロバクテリウムによって植物に導入し，任意の遺伝子を植物細胞の核DNA

に組み込むことにより，形質転換植物を作製する．T-DNAの植物核DNAへの導入には，T-DNA領域とvir領域が不可欠であるが，この2つは必ずしも同じプラスミドに存在する必要はない．そのため，T-DNA領域を含み大腸菌とアグロバクテリウムの両方の細胞で増殖可能なT-DNAバイナリーベクターと，vir領域を持つヘルパープラスミドの2種を用いる遺伝子導入システムが広く用いられている．感染に用いたアグロバクテリウムは，感染後に抗生物質を与えて死滅させる．遺伝子導入された細胞を植物体へ再生させることにより，形質転換（トランスジェニック）植物を作製する．自然界ではアグロバクテリウムの宿主にならないイネなども，vir遺伝子群の発現を促進するアセトシリンゴンの濃度を調節することにより，アグロバクテリウムによる遺伝子導入を可能とした．

しかし，アグロバクテリウムによる植物細胞への遺伝子導入が成功していない植物種もある．その場合は，その他の方法が用いられる．植物細胞から酵素処理によって細胞壁を取り除いたプロトプラストに電圧をかけることによってDNAを導入するエレクトロポレーション法や，DNAを金粒子にコーティングしてヘリウムガスの圧力で細胞に打ち込むパーティクルガン法などが用いられる．いずれの方法で遺伝子を導入できたとしても，アグロバクテリウム法と同じように，形質転換された細胞から植物体を再生させる技術が必要である．

遺伝子組換え作物

植物の代謝系を改変することによって作出した遺伝子組換え作物として早くから知られているのは，カルジーン社が開発したフレーバー・セーバー（Flavr Savr）という名前で知られる日持ちの良いトマトである．成熟の過程で，トマトはだんだんと柔らかくなっていく．これは，ポリガラクツロナーゼと呼ばれる酵素の活性が

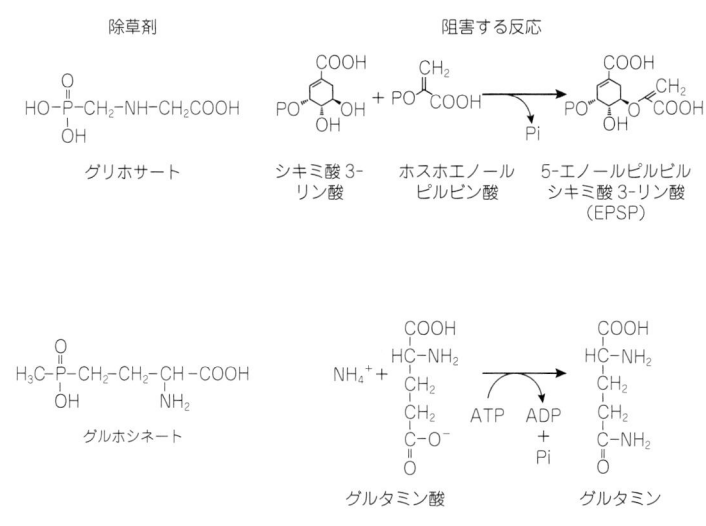

図30.3 除草剤と阻害する反応

高くなり，細胞壁の構成成分であるペクチンが分解されることが1つの理由である．ポリガラクツロナーゼの働きを抑えることによって，成熟しても形が崩れることのない日持ちの良いトマトとなる．フレーバー・セーバーは，こうした発想のもとに，ポリガラクツロナーゼ遺伝子のアンチセンス遺伝子を導入してつくられた．通常は二本鎖DNAのうちの一本が転写されてmRNA合成される．アンチセンス遺伝子は目的遺伝子の逆向きの遺伝子なので，細胞の中で目的遺伝子から合成されるmRNAに対して相補的なmRNAが合成され，この2つのmRNAは二重鎖RNAとなり，翻訳が阻害される．

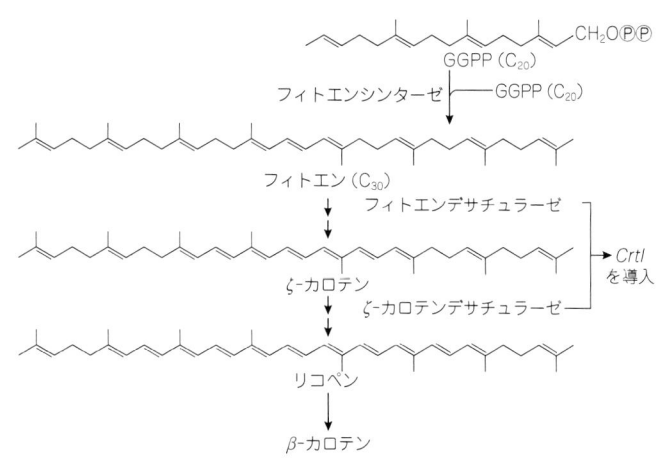

図30.4　β-カロテンの生合成経路
フィトエンデサチュラーゼとζ-カロテンデサチュラーゼの両方の触媒能を持つ酵素の遺伝子である crtI を導入した．

　除草剤耐性能力を付加した遺伝子組換え作物が開発されている（図30.3）．除草剤グリホサート（ラウンドアップという商品名で呼ばれることが多い）は，シキミ酸経路の酵素である 5-エノールピルビルシキミ酸 3-リン酸（EPSP）シンターゼの阻害剤である．この反応が阻害されると芳香族アミノ酸の前駆体の合成が阻害され，植物は枯れてしまう．そこで，グリホサートで阻害されない性質を持つEPSPシンターゼの遺伝子を微生物から取り出し，植物に導入した．その結果，畑に除草剤をまくことにより雑草は枯死するが，遺伝子導入された植物体は生きることができる．同じように，除草剤グルホシネート（ホスフィノトリシン）に対する耐性を付加した遺伝子組換え作物が開発されているが，この作出の原理はグリホサート耐性植物とは異なる．グルホシネートはグルタミン合成酵素を阻害する．植物に放線菌から選抜したホスフィノトリシンアセチルトランスフェラーゼ（PAT）の遺伝子を導入して，それを発現させることにより，植物内に取り込まれたグルホシネートのアミノ基をアセチル化して，阻害剤として機能しないような形に変換する．そのため，除草剤グルホシネートを与えても枯死しない植物となる．このような除草剤耐性植物は，ダイズ，トウモロコシ，ナタネなどで開発されている．

　近年は，遺伝子組換え作物として特定の物質の生合成系を強化した作物が開発されている．その代表例が，ゴールデンライスである．ゴールデンライスとは，内胚乳にβ-カロテンを蓄積させることによって，コメが黄色に見えることから付けられた名前である．β-カロテンは，ヒトの体内に摂取されるとビタミンAの前駆体として機能する．図30.4にβ-カロテンの生合成経路を示す．β-カロテンはテルペ

ノイド化合物であり，その前駆体であるゲラニルゲラニルピロリン酸（GGPP）の合成については第24講で解説した．GGPPからリコペンを経由してβ-カロテンがつくられる．植物ではGGPPからリコペンまでの合成には，フィトエンシンターゼ，フィトエンデサチュラーゼ，ζ-カロテンデサチュラーゼの3つの酵素が関与している．イネに，植物由来のフィトエンシンターゼの遺伝子と，バクテリア由来のフィトエンデサチュラーゼとζ-カロテンデサチュラーゼの両方の触媒能を持つ酵素の遺伝子である *crtI* を導入する．その結果，生成されたリコペンは内胚乳に存在しているリコペンβ-シクラーゼによって，β-カロテンに変換される．

ファイトレメディエーション

植物による環境修復はファイトレメディエーション（phytoremediation）と呼ばれている．ファイトレメディエーションのターゲットとして，大気，土壌，水などがあげられる．例えば，ある種の植物は大気汚染の原因となるNO_x, SO_xを吸収し，植物内で代謝し，ほかの無毒な物質に変換することができる．また，土壌中に含まれる重金属を植物に吸収させ，その細胞内に蓄積させて植物体ごと除去することによって，土壌中の重金属濃度を低くすることができる．このように，特定の金属を高濃度に集積する植物をハイパーアキュミュレーター（hyperaccumulator）と呼ぶ．表30.1に，広く知られているハイパーアキュミュレーターと，集積する金属をまとめた．植物は重金属イオンを根から水と共に吸収し，第23講で解説したグルタチオンやファイトケラチンと結合して，細胞内の液胞に隔離すると考えられる．

そのほかにも，石油汚染土壌の修復や土壌中からの環境ホルモンの除去に，植物の力を利用する技術開発が行われている．植物の代謝系に秘められた能力を見つけ出し，それを利用することは，持続可能な社会の構築にもつながっていくのである．

表30.1　ハイパーアキュミュレーターとして知られている植物

学名	植物種	集積する主な金属
Athyrium yokoscence	イワデンダ科ヘビノネゴザ	Pb, Cd
Arabidopsis halleri	アブラナ科ハクサンハタザオ	Cd
Thlaspi caerulescens	アブラナ科グンバイナズナの一種	Cd
Brassica juncea	アブラナ科カラシナ	Cd
Polygonum thunbergii	タデ科ミゾソバ	Cd
Helianthus annuus	キク科ヒマワリ	Pb
Ipomoea alpina	ヒルガオ科の多肉植物	Cu
Alyssum lesbiacum	アブラナ科の植物	Ni

=== Tea Time ===

油脂の改変

第17講のTeaTimeでも触れたが，油脂の脂肪酸改変には代謝工学の手法が利用されている．モンサント社が開発したステアリドン酸産生ダイズの作出を例に説

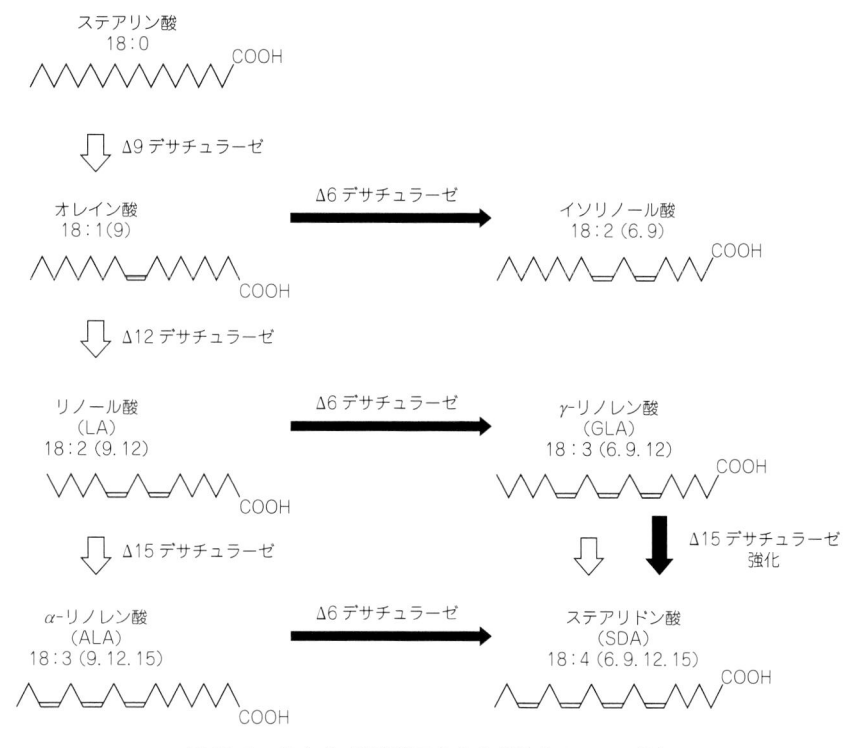

図30.5 ダイズの脂肪酸不飽和化経路とSDAの産生
⇨はダイズの持つデサチュラーゼによる反応.
➡は遺伝子導入したデサチュラーゼによる反応.

明する．ステアリドン酸（SDA）は，18：4（6, 9, 12, 15）と表記する．SDAは18個の炭素原子から構成され，分子内に4個の二重結合を持つ不飽和脂肪酸である．天然のダイズにはSDAは含まれていない．この理由は，ダイズの持つデサチュラーゼの性質によると考えられている（第15講参照）．ダイズには炭素数18個の脂肪酸のカルボキシル基から数えて6番目と7番目の炭素原子の間に二重結合を導入するΔ6デサチュラーゼが存在しない．ダイズはΔ9デサチュラーゼ，Δ12デサチュラーゼ，Δ15デサチュラーゼの3種類のデサチュラーゼを持つため，図30.5に示すように，オレイン酸，リノール酸，α-リノレン酸をつくることができる．ダイズにサクラソウの1種である *Primula juliae* から単離したΔ6デサチュラーゼの遺伝子を導入して発現させる．そうすると，ダイズの炭素数18個の脂肪酸のカルボキシル基から数えて6番目の位置に二重結合を導入することが可能となる．その結果，ダイズでイソリノール酸，γ-リノレン酸（GLA），SDAが生成される．さらに，アカパンカビ由来のΔ15デサチュラーゼ遺伝子を導入して，GLAからSDAへの変換能を強化することで，SDAの生産能をあげることに成功している．

SDAは動物の体内に摂取されるとエイコサペンタエン酸（EPA, 20：5）やドコサヘキサエン酸（DHA, 22：6）に変換される．EPAやDHAは酸化されやすく不安定であるが，SDAはこれらに比べると安定である．EPAやDHAの摂取は，高血圧や動脈硬化を抑え，心臓発作のリスクも軽減するなど，生活習慣病の予防につ

ながると考えられている．植物でつくらせた代謝中間体を動物が摂取し，動物が自らの力で効力を示す別の化合物に変換して利用するというコラボレーションも，代謝工学の発想の1つである．

(加藤美砂子)

引用文献

芦原　坦：窒素化合物の代謝．太田次郎・石原勝敏・黒岩澄雄・清水　碩・高橋景一・三浦謹一郎編：植物の生理（基礎生物学講座5），朝倉書店（1991）

井上　勲：藻類30億年の自然史－藻類からみる生物進化－，東海大学出版会（2006）

岩槻邦男：日本の植物園，東京大学出版会（2004）

岩渕雅樹・篠崎一雄（編）：植物ゲノム機能のダイナミズム，シュプリンガー・フェアラーク東京（2001）

Voet, D., Voet, J. G. and Pratt, C. W.（著），田宮信雄・村松正實・八木達彦・遠藤斗志也（訳）：ヴォート基礎生化学（第3版），東京化学同人（2010）

王子善清・脇内成昭・岡本三郎：植物根ペントースリン酸経路の亜硝酸による活性化－イネ根とオオムギ根の比較－．神戸大学農学部研究報告，**16**, 517-521（1985）

大森正之：光合成と呼吸30講，朝倉書店（2009）

神阪盛一郎・谷本英一（編）：新しい植物科学－環境と食と農業の基礎－，培風館（2010）

河内　宏：微生物機能を利用する植物の知恵－共生窒素固定の機構－．美濃部郁三（編）：植物－ふしぎな世界－（ネオ生物学シリーズ－ゲノムから見た新しい生物像－），共立出版（1996）

桜井英博・柴岡弘郎・芦原　坦・高橋陽介：植物生理学概論，培風館（2008）

佐藤公行（編）：光合成（朝倉植物生理学講座3），朝倉書店（2002）

関本（佐々木）結子：ジャスモン酸．小柴共一・神谷勇治（編）：新しい植物ホルモンの科学（第2版），講談社（2010）

園池公毅：光合成とはなにか，講談社（2008）

寺島一郎：個葉の光合成システム構築原理と環境に依存した可塑性．日本生物環境工学会スプリングフォーラム2010, 7-18（2010）

東京大学光合成教育研究会（編）：光合成の科学，東京大学出版会（2007）

西村幹夫・三村徹郎（著），西村いくこ・真野昌二（監修），永野　惇・桧垣　匠（文）：Photobook 植物細胞の知られざる世界，化学同人（2010）

日本農芸化学会（編）：遺伝子組換え食品－新しい食材の科学－，学会出版センター（2000）

Heldt, H. W.（著），金井龍二（訳）：植物生化学，シュプリンガー・フェアラーク東京（2000）

前川文夫・原　寛・津山　尚（編）：牧野新日本植物図鑑，北隆館（1961）

宮地重遠（編）：代謝（現代植物生理学2），朝倉書店（1992）

村松敬一郎（編）：茶の科学，朝倉書店（1991）

Aldridge, D. C., Galt, S., Giles, D. and Turner, W. D.: Metabolites of *Lasiodiploidia theobromae*. *Journal of the Chemical Society C*, 1623-1627（1971）

ap Rees, T., Green, J. H. and Wilson, P. M.: Pyrophosphate: fructose 6-phosphate 1-phosphotransferase and glycolysis in non-photosynthetic tissues of higher plants. *Biochem. J.*, **227**, 299-304（1985）

Archibald, J. M. and Lane, C. E.: Going, going, not quite gone: nucleomorphs as a case study in nuclear genome reduction. *Journal of Heredity*, **100**, 582-590 (2009)

Archibald, J. M.: Nucleomorph genomes: structure, function, origin and evolution. *BioEssays*, **29**, 392-402 (2007)

Ashihara, H., Sano, H. and Crozier, A.: Caffeine and related purine alkaloids: Biosynthesis, catabolism, function and genetic engineering. *Phytochemistry*, **69**, 841-856 (2008)

Bhattacharyya, M. K., Smith, A. M., Ellis, T. H. N., Hedley, C. and Martin, C.: The wrinkled-seed character of pea described by Mendel is caused by a transposon-like insertion in a gene encoding starch-branching enzyme. *Cell*, **60**, 115-122 (1990)

Borland, A. M. and Taybi, T.: Synchronization of metabolic processes in plants with Crassulacean acid metabolism. *Journal of Experimental Botany*, **55**, 1255-1265 (2004)

Bouvier, F., Rahier, A. and Camara, B.: Biogenesis, molecular regulation and function of plant isoprenoids. *Progress in Lipid Research*, **44**, 357-429 (2005)

Crawford, N. M., Kahn, M. L., Leustek, T. and Long, S. R.: Nitrogen and Sulfur. In: Buchanan, B. B., Gruissem, W. and Jones, R. L. (eds.): *Biochemistry and Molecular Biology of Plants*, American Society of Plant Physiologists, Rockville (2000).

Croteau, R., Kutchan, T. M., Lewis, N. G.: Natural products. In: Buchanan, B. B., Gruissem, W. and Jones, R. L. (eds.): *Biochemistry and Molecular Biology of Plants*, American Society of Plant Physiologists, Rockville (2000)

Dinant, S. and Lemoine, R.: The phloem pathway: New issues and old debates. *Comptes Rendus Biologies*, **333**, 307-319 (2010)

Eckhardt, U., Grimm, B. and Hörtensteiner, S.: Recent advances in chlorophyll biosynthesis and breakdown in higher plants. *Plant Molecular Biology*, **56**, 1-14 (2004)

Epstein, E.: Silicon. *Annual Review of Plant Physiology and Plant Molecular Biology*, **50**, 641-664 (1999)

Evans, J. R. and Anderson, J. M.: Absolute absorption and relative fluorescence excitation spectra of the five major chlorophyll-protein complexes from spinach thylakoid membranes. *Biochimica et Biophysica Acta*, **892**, 75-82 (1987)

Graham, I. A.: Seed storage oil mobilization. *Annual Review of Plant Biology*, **59**, 115-142 (2008)

Hajirezaei, M., Sonnewald, U., Viola, R., Carlisle, S., Dennis, D. and Stitt, M.: Transgenic potato plants with strongly decreased expression of pyrophosphate: fructose-6-phosphate phosphotransferase show no visible phenotype and only minor changes in metabolic fluxes in their tubers. *Planta*, **192**, 16-30 (1994)

Hänsch, R. and Mendel, R. R.: Physiological functions of mineral micronutrients (Cu, Zn, Mn, Fe, Ni, Mo, B, Cl). *Current Opinion in Plant Biology*, **12**, 259-266 (2009)

Hanson, M. R. and Sattarzadeh, A.: Dynamic morphology of plastids and stromules in angiosperm plants. *Plant, Cell & Environment*, **31**, 646-657 (2008)

Hesse, H. and Hoefgen, R.: Molecular aspects of methionine biosynthesis. *Trends in Plant Science*, **8**, 259-262 (2003)

Hörtensteiner, S.: Chlorophyll degradation during senescence. *Annual Review of Plant Biology*, **57**, 55-77 (2006)

Huber, S. C. and Akazawa, T.: A novel sucrose synthase pathway for sucrose degradation in cultured sycamore cells. *Plant Physiology*, **81**, 1008-1013 (1986)

Jarvis, P.: Targeting of nucleus-encoded proteins to chloroplasts in plants. *New Phytologist*, **179**, 257-285 (2008)

Jeon, J-S., Ryoo, N., Hahn, T-R., Walia, H. and Nakamura, Y.: Starch biosynthesis in cereal endosperm. *Plant Physiology and Biochemistry*, **48**, 383-392 (2010)

Kashiyama, Y., Miyashita, H., Ohkubo, S., Ogawa, N. O., Chikaraishi, Y., Takano, Y., Suga, H., Toyofuku, T., Nomaki, H., Kitazato, H., Nagata, T. and Ohkouchi, N.: Evidence of global chlorophyll d. *Science*, **321**, 658 (2008)

Katsumoto, Y., Fukuchi-Mizutani, M., Fukui, Y., Brugliera, F., Holton, T. A., Karan, M., Nakamura, N., Yonekura-Sakakibara, K., Togami, J., Pigeaire, A., Tao, G-Q., Nehra, N. S., Lu, C-Y., Dyson, B. K., Tsuda, S., Ashikari, T., Kusumi, T., Mason, J. G. and Tanaka, Y.: Engineering of the rose flavonoid biosynthetic pathway successfully generated blue-hued flowers accumulating delphinidin. *Plant and Cell Physiology*, **48**, 1589-1600 (2007)

Krebs, H. A.: *Reminiscences and Reflections*, Clarendon Press, Oxford (1981)

Kruger, N. J. and von Schaewen, A.: The oxidative pentose phosphate pathway: structure and organization. *Current Opinion in Plant Biology*, **6**, 236-246 (2003)

Lung, S-C. and Weselake, R. J.: Diacylglycerol acyltransferase: A key mediator of plant triacylglycerol synthesis. *Lipids*, **41**, 1073-1088 (2006)

Maurel, C., Verdoucq, L., Luu, D-T. and Santoni, V.: Plant aquaporins: Membrane channels with multiple integrated functions. *Annual Review of Plant Biology*, **59**, 595-624 (2008)

McConn, M. and Browse, J.: The critical requirement for linolenic acid is pollen development, not photosynthesis, in an *Arabidopsis* mutant. *Plant Cell*, **8**, 403-416 (1996)

Miyashita, H., Ikemoto, H., Kurano, N., Adachi, K., Chihara, M. and Miyachi, S.: Chlorophyll d as a major pigment. *Nature*, **383**, 402 (1996)

Molvig, L., Tabe, L. M., Eggum, B. O., Moore, A. E., Craig, S., Spencer, D. and Higgins, T. J. V.: Enhanced methionine levels and increased nutritive value of seeds of transgenic lupins (*Lupinus angustifolius* L.) expressing a sunflower seed albumin gene. *The Proceeding of National Academy of Science of the United States of America*, **94**, 8393-8398 (1997)

Murakami, A., Miyashita, H., Iseki, M., Adachi, K. and Mimuro, M.: Chlorophyll d in an epiphytic cyanobacterium of red algae. *Science*, **303**, 1633 (2004)

Nagai, C., Rakotomalala, J-J., Katahira, R., Li, Y., Yamagata, K. and Ashihara, H.: Production of a new low-caffeine hybrid coffee and the biochemical mechanism of low caffeine accumulation. *Euphytica*, **164**, 133-142 (2008)

Ohlrogge, J. and Browse, J.: Lipid biosynthesis. *Plant Cell*, **7**, 957-970 (1995)

Okamura, J. K. and Goldberg, R. B.: Regulation of plant gene expression: General principles. In: Marcus, A. (ed.): *The Biochemistry of Plants*, vol. 15, Academic Press, San Diego (1989)

Pan, D. and Nelson, O. E.: A debranching enzyme deficiency in endosperms of the *sugary-1* mutants of maize. *Plant Physiology*, **74**, 324-328 (1984)

Saito, K.: Sulfur assimilatory metabolism. The long and smelling road. *Plant Physiology*, **136**, 2443-2450 (2004)

Sanders, D. and Bethke, P.: Membrane transport. In: Buchanan, B. B., Gruissem, W. and Jones, R. L. (eds.): *Biochemistry and Molecular Biology of Plants*, American Society of Plant Physiologists, Rockville (2000)

Shimada, T. L. and Hara-Nishimura, I.: Oil-body-membrane proteins and their physiological functions in plants. *Biological & Pharmaceutical Bulletin*, **33**, 360-363 (2010)

Siedow, J. N. and Day, D. A.: Respiration and photorespiration. In: Buchanan, B. B., Gruissem, W. and Jones, R. L. (eds.): *Biochemistry and Molecular Biology of Plants*, American Society of Plant Physiologists, Rockville (2000)

Smirnoff, N., Conklin, P. L. and Loewus, F. A.: Biosynthesis of ascorbic acid in plants: a renaissance. *Annual Review of Plant Physiology and Plant Molecular Biology*, **52**, 437-467 (2001)

Somerville, C., Browse, J., Jaworski, J. G. and Ohlrogge, J. B.: Lipids. In: Buchanan, B. B., Gruissem, W. and Jones, R. L. (eds.): *Biochemistry and Molecular Biology of Plants*, American Society of Plant Physiologists, Rockville (2000)

Taiz, L. and Zeiger, E.: *Plant Physiology Fourth Edition on Line*. Chapter 14 Gene expression and signal transduction. (http://4e.plantphys.net/)

Takahara, K., Kasajima, I., Takahashi, H., Hashida, S., Itami, T., Onodera, H., Toki, S., Yanagisawa, S., Kawai-Yamada, M. and Uchimiya, H.: Metabolome and photochemical analysis of rice plants overexpressing Arabidopsis NAD kinase gene. *Plant Physiology*, **152**, 1863-1873 (2010)

Tanaka, A. and Tanaka, R.: Chlorophyll metabolism. *Current Opinion in Plant Biology*, **9**, 248-255 (2006)

Tanaka, A. and Tanaka, R.: Tetrapyrrole biosynthesis in higher plants. *Annual Review of Plant Biology*, **58**, 321-346 (2007)

Terashima, I., Fujita, T., Inoue, T., Chow, W. S. and Oguchi, R.: Green light drives leaf photosynthesis more efficiently than red light in strong white light: revisiting the enigmatic question of why leaves are green. *Plant and Cell Physiology*, **50**, 684-697 (2009)

Trewavas, A.: Signal perception and transduction. In: Buchanan, B. B., Gruissem, W. and Jones, R. L. (eds.): *Biochemistry and Molecular Biology of Plants*, American Society of Plant Physiologists, Rockvilla (2000).

Ueda, J. and Kato, J.: Isolation and identification of a senescence-promoting substance from wormwood (*Artemisia absinthium* L.). *Plant Physiology*, **66**, 246-249 (1980)

Wainwright, M.: William Auther Johnson—a postgraduate's contribution to the Krebs cycle. *Trends in Biochemical Sciences*, **18**, 61-62 (1993)

White, C. L., Tabe, L. M., Dove, H., Hamblin, J., Young, P., Phillips, N., Taylor, R., Gulati, S., Ashes, J. and Higgins, T. V. J.: Increased efficiency of wool growth and live weight gain in Merino sheep fed transgenic lupin seed containing sunflower albumin. *Journal of the Science of Food and Agriculture*, **81**, 147-154 (2001)

Wink, M. (ed.): *Biochemistry of Plant Secondary Metabolism*, 2nd Edition, Wiley-Blackwell (2010)

Yamane, H., Takagi, H., Abe, H., Yokota, T. and Takahashi, N.: Identification of jasmonic acid in three species of higher plants and its biological activities. *Plant and Cell Physiology*, **22**, 689-697 (1981)

Zulak, K. G., Liscombe, D. K., Ashihara, H. and Facchini: Alkaloids. In: Crozier, A., Clifford, M. N. and Ashihara, H. (eds.): *Plant Secondary Metabolites*, Blackwell, Oxford (2006)

参考図書

Voet, D. and Voet, J. G.（著），田宮信雄・八木達彦・遠藤斗志也・村松正実・吉田　浩（訳）：ヴォート生化学（第3版），東京化学同人（2005）
Voet, D., Voet, J. G. and Pratt, C. W.（著），田宮信雄・村松正實・八木達彦・遠藤斗志也（訳）：ヴォート基礎生化学（第3版），東京化学同人（2010）
大森正之：光合成と呼吸30講（図説生物学30講，植物編4），朝倉書店（2008）
小柴共一・神谷勇治（編）：新しい植物ホルモンの科学（第2版），講談社（2010）
佐藤公行（編）：光合成（朝倉植物生理学講座3），朝倉書店（2002）
杉山達夫・水野　猛・長谷俊治・斎藤和季（編）：植物の代謝コミュニケーション―植物分子生理学の新展開―，タンパク質核酸酵素増刊，48(15)(2003)
園池公毅：光合成とはなにか，講談社（2008）
Taiz, L. and Zeiger（編），西谷和彦・島崎研一郎（監訳）：テイツ/サイガー植物生理学（第3版），培風館（2004）
寺島一郎（編）：環境応答（朝倉植物生理学講座5），朝倉書店（2001）
東京大学光合成教育研究会（編）：光合成の科学，東京大学出版会（2007）
西村幹夫（編）：植物細胞（朝倉植物生理学講座1），朝倉書店（2002）
西村幹夫・三村徹郎（著），西村いくこ・真野昌二（監修），永野　惇・桧垣　匠（文）：Photobook 植物細胞の知られざる世界，化学同人（2010）
日本光合成研究会（編）：光合成事典，学会出版センター（2003）
Nelson, D. L. and Cox, M. M.（著），山科郁男・川嵜敏祐・中山和久（訳）：レーニンジャーの新生化学（第4版），広川書店（2007）
Berg, J. M., Tymoczko, J. L. and Stryer, L.（著），入村達郎・岡山博人・清水孝雄（監訳）：ストライヤー生化学（第6版），東京化学同人（2008）
平澤栄次：植物の栄養30講（図説生物学30講，植物編3），朝倉書店（2007）
Buchanan, B. B., Gruissem, W. and Jones, R. L.（編），杉山達夫（監修）：植物の生化学・分子生物学，学会出版センター（2005）
福田裕穂（編）：成長と分化（朝倉植物生理学講座4），朝倉書店（2001）
Heldt, H.-W.（著），金井龍二（訳）：植物生化学，シュプリンガー・フェアラーク東京（2000）
松永和紀：植物で未来をつくる（植物まるかじり叢書5），化学同人（2008）
山谷知行（編）：代謝（朝倉植物生理学講座2），朝倉書店（2001）
Ashihara, H., Crozier, A. and Komamine, A.（Ed.）：*Plant Metabolism and Biotechnology*, John Wiley and Sons（2011）
Bowsher, C., Steer, M. and Tobin, A.：*Plant Biochemistry*, Garland Science（2008）
Smith, A. M., Coupland, G., Dolan, L., Harberd, N., Jones, J., Martin, C., Sablowski, R. and Amey：*Plant Biology*, Garland Science（2010）
Wink, M.（Ed.）：*Biochemistry of Plant Secondary Metabolism*, 2nd Edition, Wiley-Blackwell（2010）

あとがきにかえて

　2010年7月に，東京大学大学院理学系研究科附属小石川植物園で世界最大の花を咲かせることで知られているショクダイオオコンニャクが開花したというニュースが流れた．すると，数日間の命である話題の花を一目見ようという見物客が植物園に殺到した．この様子をテレビで見ながら，古来から花を愛でる日本人は，「花」と聞いただけで足を運びたくなってしまうのだろうかと考えていた．筆者の知る限りでは，たとえ休日であっても，日本の植物園が混み合って入園規制されたという話は聞いたことがない．開花日数が数日と短いことも見学者が多かった理由の1つであるが，植物に興味のある人々のポテンシャルが案外高いことは大きな発見であった．植物園は地味な施設というのが，多くの日本人の共通認識だと思う．植物園は英語でbotanical gardenと呼ばれる．botanyは植物学という意味であり，植物園はその名の通り，植物学の場として長い歴史の中で生き続けてきたのである．

　本書をお読みになって，植物の代謝に興味を持っていただけただろうか？　代謝系を論じるためには化学構造式や反応式が必要ではあり，ついつい，机上の知識に振り回されがちである．しかし，本書の内容は，生身の植物の中で行われていることを解説しているのである．しかし，植物の「しくみ」を理解しただけでは，植物を知ったことにはならない．ぜひ，「植物」そのものにも興味を持ってほしい．植物を知らずして，植物が備えている「しくみ」の巧妙さに感動することはできないし，ましてや，植物を利用しようなどと考えることはできない．私たちの周囲を見渡せば，さまざまな植物に出会うことができる．食材として食卓を彩る野菜も植物である．植物園に足を運べば，さらに多くの植物に出会うことができる．植物を知り，興味を持つことが，植物の潜在能力を引き出すヒントになろう．そして，そのヒントがバイオテクノロジーの技術と結びついたときに，私たちは植物の力の本質を再発見するのである．

索　引

欧　字

ABCトランスポーター　81
ADP-グルコースピロホスホリラーゼ　42
ADPリボース化　23
AMP　104
AMPデアミナーゼ　105
ANS　132, 134
ATP　1, 67, 102
ATPスルフリラーゼ　111

C_3光合成　36
C_4光合成　36
C6/C1比　65
C_6-C_3-C_6構造　133
C_6-C_3構造　128
CHI　132, 133
CHS　132, 133
CO_2補償点　36
CTP　99

DAHP　126, 127
DAHPシンターゼ　128
DAP経路　89
de novo経路　93, 97, 102, 107
DFR　132, 133
DGAT　78
DGDG　76
DHAP　32, 45, 48, 56, 57
DMAPP　105
DMSP　115
DNAポリメラーゼ　13
DOPA　95

E4P　63
EGC　136
EGCG　136
EPSPシンターゼ　153

F1,6BP　25, 45
F1,6BPホスファターゼ　46
F2,6BP　46
F3H　132, 133

F6P　52, 53, 56, 58, 60, 63, 64, 65
$FADH_2$　68
FPP　118

G1P　45, 58
G6P　3, 45, 48, 56, 57, 58, 62, 63, 64, 65
G6PDH　62
G6P/Pi輸送体　63
GABA　94
GAP　1, 25, 45, 57
GGPP　118
GMP　104
GOGAT　86
GPP　118
GPT　63
GS　85
GS-GOGAT経路　86, 88
GTP　102

HMG-CoAレダクターゼ　118

IMP　103
IPP　117

Lineweaver-Burkプロット　12

MDH　58
MEP経路　118
MGDG　76

NaAD　108
NAD　107, 108, 110
NAD^+　2
NADH　1, 68
NADキナーゼ　110
NADP　107, 108, 110
$NADP^+$　3
NADPH　1, 62
NaMN　108
nod遺伝子　137
Nod因子　137

OAA　67, 68, 69
2OG　67
OMP　97

PAL　128
PC　76
PCR法　13
PE　76
PEP　1, 25, 57, 58, 59, 110
PEPC　59
PEP/Pi輸送体　63
PFK　56, 58, 59, 60
PFP　48, 58, 60, 61
PG　76
6PG　62
1,3PGA　25, 57
2PGA　45, 57
3PGA　31, 57, 59
PK　58
PP経路　64
PPi　58, 60
PPT　63
PRPP　1, 64, 93, 97, 98, 101

RNAポリメラーゼ　15
RNR　99
R5P　1, 62, 63, 64
Rubisco　32
RuBP　31
Ru5P　62

SAM　24, 114
SPS　46
SQDG　76

TATAボックス　17
TCA回路　67
　　——の発見　70
　　——の役割　69
T-DNA　151
THF　99
TIC　18
Tiプラスミド　150
TOC　18

UTP　99

XPT　63
Xu5P　63
Xu5P，トリオースリン酸/Pi輸送体　63

ア　行

アイソザイム　23
亜鉛　147
青い花の作出　137
アクアポリン　149
アグロバクテリウム　150
亜硝酸還元　65
亜硝酸レダクターゼ　84, 85
アスコルビン酸　50, 52
アスパラギン酸　36
アスパラギン酸グループ　89
アスパラギン酸経路　108
アセチルCoAシンターゼ　71
O-アセチルセリンチオールリアーゼ　112
アセトシリンゴン　150
圧流説　28
S-アデノシルメチオニン（SAM）　114
アデノシン　104
アデノシン-5′-ホスホ硫酸　111
アデノシントリリン酸　1
アデノシンモノリン酸　104
アナバシン　143
アポプラスト　28
アミノ糖　50
α-アミノ酸　88
アミノ酸の構造　88
アミノ酸の生合成　88
アミノ酸の分解　94
γ-アミノ酪酸（GABA）　94
5-アミノレブリン酸　94, 120
アミラーゼ　43
アミロース　41
アミロペクチン　41
β-アラニン　100
アラントイン　102
アラントイン酸　105
アルカロイド　139
　——の種類　139
　——の分類　140
アルギニン　90
アルコール発酵　59
アルデヒド基　50

アルドース　50
アロゲン酸　126
アロステリック酵素　13, 23, 47
アントシアニジン　133
アントシアニジンシンターゼ　132, 134
アントシアニン　134
　——の生合成　134, 135
アントラニル酸　127
アンモニアの同化　85
アンモニアの発生　85

異化　1
維管束柔細胞　28
維管束鞘細胞　36
イソフラボン　134
イソプレン　116, 118
イソペンテニルピロリン酸　117
遺伝子組換え作物　152
遺伝子導入　151
イノシン酸　103
イネ　15
イワヒバ　51
インドールアルカロイド　140
イントロン　15
インベルターゼ　48
インベルターゼ経路　48

ウレイド　106
ウレイド植物　106
ウロン酸　52
ウロン糖　50, 52

エキソン　15
液胞　7
枝切り酵素　43
5-エノールピルビルシキミ酸3-リン酸シンターゼ　153
エピガロカテキン　136
エピガロカテキンガレート　136
エピジェネティックな制御　16
エリスロース4-リン酸　63
エレクトロポレーション法　152
塩素　147

オイルボディ　78, 80
オキサロ酢酸　36, 67, 68, 69
2-オキソグルタル酸　67
2-オキソグルタル酸デヒドロゲナーゼ複合体　68
オパイン　151
オリゴ糖　50
オルガネラ　6
オルニチン　142
オレオシン　80
オロチジン5′-リン酸　97
オロト酸　97

カ　行

解糖系　56
　——の調節機構　58
核　6
カスパリー線　148
カテキン　136
　——の生合成　136
仮道管　149
カフェイン　144
　——の生合成　144
カーボニックアンヒドラーゼ　39
ガラクトース　51
カリウム　147
カルコン　132, 133
カルコンイソメラーゼ　132, 133
カルコンシンターゼ　132, 133
カルシウム　147
カルタミン　133
カルバミル化　32
カルバモイルリン酸　97
カルビン・ベンソン回路　30
カロース　27
カロテノイド　119
β-カロテン　153
還元的ペントースリン酸経路　30

キサンチン　105
キシルロース5-リン酸　63
キニーネ　142
キノリン酸　107
キャップ構造　16
極性脂質　75

グアノシン　104
グアノシンモノリン酸　104
クエン酸　67
クエン酸回路　68
4-クマル酸　128
4-クマロイルCoA　128
グリオキシソーム　82

グリオキシル酸　33
グリオキシル酸回路　82
グリコーゲン　42
グリコール酸　33
グリセルアルデヒド 3-リン酸　1, 25, 45, 57, 118
グリセロ脂質　71, 75
グリホサート　153
グルコシノレート　83, 113
グルコース　64
グルコース 1-リン酸　45, 58
グルコース 6-リン酸　56
グルコース 6-リン酸デヒドロゲナーゼ (G6PDH)　62
グルタチオン　94, 113
グルタミン：2-オキソグルタル酸アミノトランスフェラーゼ　85
グルタミン酸グループ　90
グルタミン酸シンターゼ　85
グルタミンシンセターゼ　85
グルホシネート（ホスフィノトリシン）　153
クレブス回路　68
クロマトグラフィー　4
クロリン環　121
クロロゲン酸類　130
クロロシス　147
クロロフィリド a　123
クロロフィル　120

形質転換植物　152
ケイ素　148
桂皮酸　128
3-ケトアシル-ACP シンターゼ　73
ケトース　50
ケトン基　50
ゲノム　15
ゲラニルゲラニルピロリン酸（GGPP）　118
ゲラニルピロリン酸（GPP）　118
原核経路　76
酵素　10
　　――の化学修飾　22
　　――の脱リン酸化　23
酵素活性の粗調節　21
酵素活性の微調節　22
酵素量の制御　21
コカイン　143
コピグメンテーション　135
コルヒチン　140, 141
コリスミ酸　126
ゴルジ体　7
ゴールデンライス　153
根粒　86
根粒菌の宿主認識　136

サ 行

サイトカイニン　105
細胞内コンパートメンテーション　8
細胞壁　6
細胞膜　6
サトウキビ　49
サルベージ経路　97, 102, 107
β-酸化　82

ジアシルグリセロール　78
ジアシルグリセロールアシルトランスフェラーゼ　78
シアニジン　135
2,6-ジアミノピメリン酸　89
2,6-ジアミノピメリン酸経路　89
3,4-ジオキシフェニルアラニン（ドーパ）　95
ジガラクトシルジアシルグリセロール　76
篩管　27
篩管要素　27
色素体　7
シキミ　128
シキミ酸　126
シキミ酸経路　126
シグナル伝達　53
シスタチオニン　113
シスタチオニン β-リアーゼ　113
シスタチオニン γ-シンターゼ　113
システイン　111
システイン残基の酸化・還元　23
ジテルペン　117, 119
篩板　27
ジヒドロキシアセトンリン酸　32
ジヒドロフラバノール 4-レダクターゼ　132, 133
ジヒドロフラバノール　132
篩部からの積み下ろし　28
篩部への積み込み　27

脂肪酸合成酵素　72
ジメチルアリルジリン酸　105
ジメチルアリルピロリン酸（DMAPP）　118
ジメチルスルホニオプロピオネート　115
ジャスモン酸　74
硝酸イオン　84
硝酸還元　84
硝酸レダクターゼ　84
小胞体　6, 76
シロイヌナズナ　15
真核経路　76
シンク　27
新生（de novo）経路　93, 97, 102, 107
シンプラスト　28

スクシニル CoA　67
スクロース（ショ糖）　26, 45
　　――の調節　46
　　――の分解　48
スクロース合成　45
スクロースシンターゼ　48
スクロースリン酸経路　48
スクロースリン酸シンターゼ　46
スクロースリン酸ホスファターゼ　46
スコポラミン　143
スタキオース　27
スターチシンターゼ　42
スターチホスホリラーゼ　43
ストリクトシジン　141
ストリゴラクトン　119
ストロマ　30
ストロミュール　39
スベリン　148
スルフヒドリル（SH）基　23
スルホキノボシルジアシルグリセロール（SQDG）　76
スレオニン　89

生合成　1
セスキテルペン　117, 119
セリン　93
セリンアセチル転移酵素　112
セリングループ　93
セルロース　8
セロビオース　51

ソース　27
ソルビトール　27

タ 行

代謝調節　21
代謝の概略　3
代謝のフレキシビリティ　24
代謝経路の解明　4
多糖類　51
多肉植物　38
多量元素　146
P-タンパク質　27
タンパク質構成アミノ酸　88
タンパク質の合成　93
タンパク質輸送　18

窒素固定　86
チミン　99
チロシンの生合成　126
中間細胞　28
中性脂質　75

テアニン　94
デオキシ糖　50
デオキシリボヌクレオチド　99
テオブロミン　144
デカフェコーヒー　144
適合溶質　54
デサチュラーゼ　73
テトラテルペン　117, 118, 119
テトラピロール　120
2-デヒドロ 3-デオキシ-D-アラビノ-ヘプツロン酸 7-リン酸　126, 127
デルフィニジン　135
テルペノイド　116
テンサイ　49
電子伝達系　68
転写　15, 21
転写因子　17
デンプン　41
転流物質　48

同化　1
道管　149
道管要素　149
糖新生系　47
ドーパ　140
トランジットペプチド　18
トランスアルドラーゼ　63
トランスケトラーゼ　63
トリアシルグリセロール　76
トリカルボン酸（TCA）回路　67
トリゴネリン　109
トリテルペン　117, 118, 119
トリプトファンの生合成　127
トロパンアルカロイド　143

ナ 行

ナリンゲニン　133

ニコチン　109, 142
ニコチンアミド　107
ニコチンアミドアデニンジヌクレオチド　3
ニコチンアミドアデニンジヌクレオチドリン酸　3
ニコチン酸　107
ニコチン酸アデニンジヌクレオチド　108
ニコチン酸モノヌクレオチド　108
二次代謝　1, 126
二次代謝物質　130
ニチニチソウ　142
ニッケル　148
乳酸発酵　59
尿酸　102

ヌクレオシド　96
ヌクレオチド　96
ヌクレオモルフ　19

ノルニコチン　143

ハ 行

バイオテクノロジー　1, 150
配糖体　135
バイパス経路　25
バクテリオクロロフィル　121
発酵　59
パーティクルガン法　152
伴細胞　27

光呼吸　30
1,3-ビスホスホグリセリン酸　25, 57
ヒスチジンの生合成　93
非タンパク質構成アミノ酸　88, 94
微調節　21
必須元素　146
ヒポキサンチン　105
ピリジンアルカロイド　107
ピリジンヌクレオチド　1
ピリジンヌクレオチドサイクル　108
微量元素　146
ピルビン酸　56, 69, 118
ピルビン酸キナーゼ　58
ピルビン酸デヒドロゲナーゼ　71
ピルビン酸デヒドロゲナーゼ複合体　68
ピロリン酸　58, 60
ピロリン酸：フルクトース 6-リン酸ホスホトランスフェラーゼ　58
ビンカアルカロイド　142
ビンブラスチン　142

ファイトアレキシン　136
ファイトレメディエーション　154
ファルネシルピロリン酸　118
フィードバック調節　23, 24
フェニルアラニンアンモニアリアーゼ　128
フェニルアラニンの生合成　126
フェニルプロパノイド　126
　──の生合成　129
　──の代謝　129
プトレッシン　142
不飽和脂肪酸　71
フラバノン　132, 133
フラバノン 3-ヒドロキシラーゼ　132, 133
フラボノイド　133
　──の構造　132
　──の生合成　132
　──の役割　136
フラボノール　134
フラボン　134
フラバン 3-オール（カテキン類）　136
フラバン構造　132
プリンアルカロイド　106, 144
プリンヌクレオチドの合成　102
プリンの分解　104
フルクトキナーゼ　48
フルクトース 6-リン酸　56
フルクトース 1,6-ビスリン酸　25, 45
フルクトース 1,6-ビスリン酸ホスファターゼ　46

フルクトース 2,6-ビスリン酸　46
プロセッシングプロテアーゼ　18
プロテインキナーゼ　23
プロリン　90
分岐鎖アミノ酸　91
分岐鎖アミノ酸グループ　91
分枝酵素　42

ヘキソキナーゼ　58
ベタイン脂質　79
ヘミテルペン　117, 118
ペラルゴニジン　135
ペルオキシソーム　32
ベルバスコース　27
ベルベリン　140
ベンジルイソキノリンアルカロイド　140
ペントースリン酸経路　62
　──の活性調節　64
　──の役割　64

芳香族アミノ酸　126
飽和脂肪酸　71
5-ホスホリボシル 1-ピロリン酸　64
ホスホリボシルトランスフェラーゼ　104
ホスファチジルエタノールアミン（PE）　76
ホスファチジルグリセロール（PG）　76
ホスファチジルコリン（PC）　76
ホスフィノトリシンアセチルトランスフェラーゼ　153
3′-ホスホアデノシン-5′-ホスホ硫酸　113
ホスホエノールピルビン酸　1, 25, 57, 58, 59, 110
ホスホエノールピルビン酸カルボキシラーゼ　36, 59
2-ホスホグリセリン酸　45, 57
3-ホスホグリセリン酸（3PGA）　31
6-ホスホグルコン酸　62
ホスホフルクトキナーゼ　56
O-ホスホホモセリン　113
5-ホスホリボシルピロリン酸　1, 64, 93, 97, 98, 101
ポリオール類　53
ポリガラクツロナーゼ　152
ポリマートラッピングモデル　28
ポルフィリン環　120
翻訳　17, 21

マ 行

マグネシウム　147
マニトール　27
マルトース　51
マンガン　147
マングローブ　54
マンナン　51

ミオイノシトール　53
ミカエリス定数　11
ミトコンドリア　6, 32, 67
ミロシナーゼ　113

無機化合物　3

メチオニン　111
メチオニンシンターゼ　113
5,10-メチレンテトラヒドロ葉酸　99
メバロン酸経路　118

モノガラクトシルジアシルグリセロール（MGDG）　76
モノテルペン　117, 119
モリブデン　148
モルヒネ　139, 140

ヤ 行

有機化合物　3
有機酸　69

葉肉細胞　36
葉緑体　32, 76

ラ 行

ラフィノース　27

リグニン　9, 129
リジン　89
リブロース 1,5-ビスリン酸（RuBP）　31
リブロース 1,5-ビスリン酸カルボキシラーゼ/オキシゲナーゼ（Rubisco）　32
リブロース 5-リン酸　62
リボース 5-リン酸　1, 62, 63, 64
リボヌクレオチドレダクターゼ　99
硫酸イオン　111
リン　147
リンゴ酸　36, 69
リンゴ酸デヒドロゲナーゼ　58
リン酸化　22
リン酸飢餓　25
リン酸輸送体　45, 46

ロイコアントシアニジン　132

著者略歴

芦原　坦（あしはら・ひろし）
1946 年　福岡県に生まれる
1973 年　東京大学大学院理学系研究科博士課程中退
1973 年　お茶の水女子大学理学部助手，同講師（1982 年），同助教授（1987 年），同教授（1995 年）
現　在　お茶の水女子大学名誉教授
　　　　理学博士
著　書　『代謝（植物生理学講座 2）』（共著）朝倉書店，1992
　　　　『代謝（朝倉植物生理学講座 2）』（共著）朝倉書店，2001
　　　　『植物生理学概論』（共著）培風館，2008
　　　　『Plant Secondary Metabolites』（共著）Blackwell, 2006
　　　　『Plant Metabolism and Biotechnology』（共著）Wiley, 2011

加藤美砂子（かとう・みさこ）
1961 年　東京都に生まれる
1988 年　東京大学大学院理学系研究科博士課程中退
1988 年　東京大学文部技官
1990 年　（株）海洋バイオテクノロジー研究所研究員
1995 年　お茶の水女子大学理学部生物学科助手
1999 年　お茶の水女子大学大学院助教授，同教授（2010 年）
現　在　お茶の水女子大学大学院人間文化創成科学研究科教授
　　　　理学博士
著　書　『マリンバイオの未来』（共著）裳華房，1995
　　　　『植物生理工学』（共著）丸善，1998
　　　　『バイオサイエンス』（共著）オーム社，2007

図説生物学 30 講〔植物編〕5
代謝と生合成 30 講

定価はカバーに表示

2011 年 6 月 25 日　初版第 1 刷
2018 年 10 月 25 日　　　第 2 刷

著　者　芦　原　　　坦
　　　　加　藤　美砂子
発行者　朝　倉　誠　造
発行所　株式会社　朝　倉　書　店
　　　　東京都新宿区新小川町 6-29
　　　　郵便番号　162-8707
　　　　電　話　03（3260）0141
　　　　F A X　03（3260）0180
　　　　http://www.asakura.co.jp

〈検印省略〉

Ⓒ 2011〈無断複写・転載を禁ず〉　　印刷・製本　東国文化

ISBN 978-4-254-17715-2　C 3345　　　　Printed in Korea

JCOPY　〈(社)出版者著作権管理機構　委託出版物〉
本書の無断複写は著作権法上での例外を除き禁じられています．複写される場合は，そのつど事前に，(社)出版者著作権管理機構（電話 03-3513-6969，FAX 03-3513-6979，e-mail: info@jcopy.or.jp）の許諾を得てください．

好評の事典・辞典・ハンドブック

火山の事典（第2版）	下鶴大輔ほか 編　B5判 592頁
津波の事典	首藤伸夫ほか 編　A5判 368頁
気象ハンドブック（第3版）	新田　尚ほか 編　B5判 1032頁
恐竜イラスト百科事典	小畠郁生 監訳　A4判 260頁
古生物学事典（第2版）	日本古生物学会 編　B5判 584頁
地理情報技術ハンドブック	高阪宏行 著　A5判 512頁
地理情報科学事典	地理情報システム学会 編　A5判 548頁
微生物の事典	渡邉　信ほか 編　B5判 752頁
植物の百科事典	石井龍一ほか 編　B5判 560頁
生物の事典	石原勝敏ほか 編　B5判 560頁
環境緑化の事典	日本緑化工学会 編　B5判 496頁
環境化学の事典	指宿堯嗣ほか 編　A5判 468頁
野生動物保護の事典	野生生物保護学会 編　B5判 792頁
昆虫学大事典	三橋　淳 編　B5判 1220頁
植物栄養・肥料の事典	植物栄養・肥料の事典編集委員会 編　A5判 720頁
農芸化学の事典	鈴木昭憲ほか 編　B5判 904頁
木の大百科［解説編］・［写真編］	平井信二 著　B5判 1208頁
果実の事典	杉浦　明ほか 編　A5判 636頁
きのこハンドブック	衣川堅二郎ほか 編　A5判 472頁
森林の百科	鈴木和夫ほか 編　A5判 756頁
水産大百科事典	水産総合研究センター 編　B5判 808頁

価格・概要等は小社ホームページをご覧ください．